KANOCKSTAR

逃げの才能

やりたいことだけやってみたけど、
意外と人生なんとかなってる。

カノックスター

こんにちは、
カノックスターです。

僕のこと、知りたいですか？

STAFF

撮影	島本絵梨香(カバー、P.002～008、P.016～017、P.028～029、P.068～069、P.086～087、P.094～099、P.104～105、P.155、P.160～161、P.190～191)
	碓井君枝(KADOKAWA／P.106～111)
	カノックスター(カバー、P.076～079、P.102～103、P.112～134)
画像素材 (P.080～083)	PIXTA／まちゃー、Aoao2981、Sunrising、Hiroko、大竹進、june.、Richie Chan、gandhi、YuliaFurman、HIT1912
スタイリング	岩田友裕
ヘアメイク	金光柚香(Superbly inc.)
アートディレクション	江原レン(mashroom design)
デザイン	山田彩子、佐橋美咲(mashroom design)
DTP	山本秀一、山本深雪(G-clef)
校正	文字工房燦光
編集協力	小田島瑠美子
マネジメント	太田理佳子(GROVE株式会社)
撮影協力	《衣装》EGO TRIPPING、DAMAGE DONE 2ND、GARNI
	《場所》ヤオコー所沢北原店、ところざわサクラタウン、EJアニメホテル

CONTENTS

2章 一人時間のおとも。つまり、好き。

3章

カノックスターのリアル

CONTENTS

5章

かのによる、かののためのかののルール

CONTENTS

はじまるよ。

自己紹介
はじめまして、カノックスターです。

皆さんこんにちは。カノックスターです。

普段はＹｏｕＴｕｂｅで、食べること（ジャンルでいうと「モッパン」といいます）を動画にする仕事をして生きています。

この本を今読んでくれている方は、僕の動画を見てくれている人が多いと思います。

でも、ＹｏｕＴｕｂｅを見てくれている方でも、僕がどういった人間なのか、性格や素の部分などは掴めないと思うのがほとんどだと思います。理解してくれている方もいるかもしれないのですが、**動画の中の僕は、普段の僕とは少し違います。**

（もしも、見たことがないという方は気が向いたら、見てもらえると嬉しい

です）

動画に映っているときの状態は、テンションがMａxなタイミングの僕を切り取っている感じです。

たまに、キャラを作りすぎているだとか、「本当の」カノックスターが見たいだとか言われます。

でも、動画でお届けしているテンションが高い状態の僕も、言い訳とかではなくて本当にあれは自分の一部なんです。

ただ、普段人とコミュニケーションを取るときは動画の感じでは一切ないです。あのテンションの僕が通常モードだったら、人として見てもらえないと思います（笑）。

でも、動画のテンションではない普段の僕と関わる人にも変わっているね、と言われることが多々あるので、僕が不思議な存在、ということは客観的に見ても間違いないかと思います。

いきなりですが、僕は今までの人生の中で孤立していることがほとんどでした。

中学生の頃からそれは始まりました。

中学1年生のときは、まだ周りとワイワイしていたい気持ちが強くて、一人でいるなんて恥ずかしいことなんだと自分に言い聞かせて無理に集団に入っていた覚えがあります。

2年生になるとその「一人でいるなんて恥ずかしい」「みんなとワイワイしたい」という気持ちがプツンと切れてしまって、逆に孤立して過ごすようになりました。「一人でいることは恥ずかしい」から「一人でいる俺、かっこいい」まで、一気に気持ちがガラッと変わってしまいました。

「かっこいい」は正直大袈裟なのですが、無理して輪の中に入ることに対して疑問を抱くようになったんですよね。

なぜなら、一人でいる方が何倍も楽だからです。

僕は常に楽な方、楽な方に自分を誘導する癖があって、高校も行ける範囲内の学校に行きましたし、大学も推薦入学という手段を使ってあまり苦労はせず入学しました。

いい大学に入る夢もなかったですし、何より興味もない勉強をするのがめんどくさかったというのもあります。楽な方へ行くために、自分を正当化したい部分も含まれていると思いますが、**自分を正当化することは別に悪いことではないじゃないですか。だって、苦しく生きるよりも楽しく生きる方が絶対人生楽しいと思います。**皆さんもそう思いませんか？

それは「逃げ」だと思う人もいるかもしれないけど、逃げたらだめってルールとか、逃げたら逮捕されるとかって基本ないですよね。

僕の話でいうと実際、この感じで今までいい方にどんどん進むことができていると思います。

「楽な方へ、楽な方へ」といったら、ＹｏｕＴｕｂｅもそうかもしれません。

ただ、何も考えずに楽な方を選んだわけでは全然ありません。

大学4年生の頃、僕は2つの進路で迷っていました。

1つめの進路が「カナダかアメリカの大学に留学して、会計か何かを学び英語で仕事ができるようになる」ということでした。2つめが、今につながる「登録者数1000人くらいのＹｏｕＴｕｂｅを本腰を入れてやる」でした。

大学時代の僕は、とてもとても、みんなが想像するような楽しい大学生活とはいえないような生活を送っていました。

ど田舎に実家があったので、2時間近くかけて大学に行って、また2時間かけて帰って、バイトして、勉強して、みたいな生活の繰り返しです。お金が貯まったら海外旅行に行く、それが大きな楽しみの1つでした。何度も海外に行くうちに、英語で話す人たちがかっこよく見えたんですよね。それで、いつか海外に住みたいと思うようになりました。そう思い始めてからは、大学とバイト以外の自由に使える時間のほとんどを英語の勉強することにかけて、必死に勉強し続けて、4年生の時にようやく留学できるラインの英語力に到達しました。同時に、並行してスタートしていたYouTubeが少し上手くいき始めていたのもこの頃です。

やっていて楽しかったのがYouTubeで、手ごたえを感じ始めていたこともきっかけになり、今につながる2つめの進路「YouTube」を選びました。

その時点で、未来のことを考えたとき、留学については「楽しさ」より、「怖さ」や「心配」の方が強かったことを覚えています。一方、YouTubeに関しては当時「楽しさ」しかありませんでした。

はじめまして、カノックスターです。

今思えばどちらに進んだとしてもどこかで大変なこともあることがわかりますが、YouTubeの方を選んだことは100%正解だったと断言できます。

孤独というか、一人でいると、自分の好きなことに対して、相当な時間をかけて向き合えることを肌で感じてきました。

大学4年生で進路を選んだときも、すごくたくさんの時間をかけて、楽な方、楽しい方はどちらかを考えました。

ずっと「孤独」でいたからこそ、その「孤独」を楽しく、楽に過ごすためにいろいろ考えるようになったのかもしれません。一人だと、楽しいことは100%自分のものになりますが、辛さを誰かと分け合うこともできませんから。

いいことも、悪いことも全て自分に返ってきます。

楽な方や、楽しい方へ自分を誘導することで、「辛さ」や「嫌なこと」から逃げてきたことは間違いありません。

一人をあえて選ぶことで集団の中で無理をする自分から逃げ、自分の「好き」や「楽しい」と向き合う時間が作れました。数少ない大切な人、友達や家族と過ごす時間を楽しく思えるようにもなりました。「怖さ」や「心配」から逃げることで、今の大好きな生活を手に入れることもできました。

僕にとって楽な方や好きな方を選んで、その先をちゃんと自分にとっての正解にする才能がこれまでの短い人生で身についてきたんだと思います。これが、僕の「逃げの才能」です。

この本では、僕がどういう人生を送ってきて、この才能を身につけたのか。楽な方を選んだときどんなことを思っていたか、はたまた僕のただの思い出話や好きなこと……など、皆さんにあまりお見せしたことのないリアルなカノックスター、つまり僕についてを詳しく書いています。

僕の考えは僕にとっての正解で、皆さんの正解になるかは正直わかりません。

ただ、こんな考え方や生き方もあるんだ、嫌なことから逃げてもいいんだ、とか、思ってもらえたら嬉しいです。

あなたの役に立つことも、立たないことも、楽しんでもらえますように。

1章

「カノックスター」になる前まで

KANOCKSTAR

僕には、YouTubeを始める前の子供だったときがありました。

当たり前ですね、はい。

いつも皆さんが見ているＹｏｕＴｕｂｅの僕だけが「カノックスター」なわけであって、子供時代の僕はまだ「カノックスター」ではなかったんです。


子供の頃のことはボヤっとしていてあんまり思い出せないけれど、ひねりだしました。

自己紹介でも書きましたけれど、もっと詳しく思い出してみると、やっぱり変わっていたのかもしれないと思います。

でも、僕にとっては「普通」だったんです。

子供の頃。小学生のあやふやな記憶。

始めに言ってしまうと、僕は小さい頃の記憶がほとんどないです。忘れたいから、忘れたとかではなくて、普通にあんまり覚えてないんですよね。小学校に入るよりも前の小さい頃の僕の記憶は、ずっと違う場所に住んでいたことと、ゲームの「たまごっち」にハマっていて、めちゃめちゃ並んで買ったことくらいしか残っていません。つみきを人に対して投げて喜んでいた覚えもあります。まあ、これは忘れたいことでしょう。

小学生の頃、これまた覚えていることは少ないのですが、**いじめられてるとまではいかないにしろ、いじられる対象ではあったかなと記憶しています。**

一番印象に残っているのは、安全ピンで耳たぶに穴を開けられたことです。いじられがちだった僕は「やめてよ」と言える立場じゃないと思ってしまっていました。でも、普通に考えたら結構怖いし、危ないですよね。もし僕にいつか子供ができて、自分の子供がこんなことをされたと知ったときには相手が子供でもありえないくらい激怒すると思います。

そんな風に、僕をいじってくる子はだいたい決まっていたのですが、その子は僕をいじると報酬か何かわかりませんが、お金をくれました。別にお金持ちの子とかではなかったと思うのですが、いきなりポッと5000円くれたりして。小学生の頃の5000円は相当でかいです。

田舎に住んでいたためお金を使う場所はコンビニくらいしかなかったのですが、とにかく嬉しかった覚えがあります。

今考えたらすごいことですよね、いじられることを許容してその子が気まぐれにくれるお金を受け取っていたなんて……。

小学生の頃は本当に印象深いことでもこれくらいしか思い出せません（頑張れ）。

他に覚えていることといえば、当時周りと比べて身長も体格もがっしりしてい

子供の頃。小学生のあやふやな記憶。

てなんなら肥満状態だったことでしょうか。

小学生の頃、バスケットボールを習っていて、その帰りに毎回マックを食べていました。さらに、家族でだいたい週一くらいで焼肉に行っていたのでかなりしっかりした体型をしていました。バスケ帰りのマックをやめた途端、一気に痩せましたね。背が大きいから列に並んでも一番後ろにいたのですが、どこで成長が止まったのでしょうか？　今では全て平均サイズです。

この話を書いていて思い出したのですが、バスケットボールを始める前はサッカーを習っていました。サッカーに関しては本当に才能がなく、何をやっても面白くなかったので小学校3年生くらいでやめてしまいました。

かと言ってバスケットボールの方で才能があったかと言われるとそんなことはなく、ずっと試合の出番がこない補欠組のメンバーでした。

当時は、意外と悔しい気持ちがあったのを覚えています。

でも、出番がこないバスケットボールに小学生のときはのめり込んでました。

中学や高校みたいな部活のようなものではなく、習い事として自主的に参加するものだったので意欲的になっていたのかもしれません。何人かいたコーチのうちの特に厳しい人に気に入られて常にいじられていたのを今思い出しました。

子供の頃から結構真剣にやってもふざけているように思われることが多くて、「ふざけるな」と怒られることが何回もありました（今もあります）。

いじられていたのは、このせいだったのかもしれません。でも、顔の表情が何もしていなくてもニヤニヤしているように見えてしまっていただけだと思います。怒られ始めた最初の頃は、「こういう顔です」とか「ふざけてないです」とか説明したり、真剣な表情を頑張ってみたりしていましたが、あきらめました。もう、このままでいいやって。

今でもあきらめっぱなしなので、僕はだいたいニヤニヤしていると思われがちです。

まあまとめると、なんとなくいじめられて、マック食べて体がでかくなって、バスケットボールやって、痩せた、これが小さい頃の総括です。

好きだった遊び

小さな子供の頃の僕はすごくゲームが大好きで、高校生くらいまではゲームが生活に必ず関わっていました。

もちろん、小さい頃はゲームを自分で自由に買えるお金は持っていなかったので、典型的ですが「テストで90点以上取ったら買って」とお母さんに頼んだり、遠くに住んでいたおじいちゃんとおばあちゃんに1年に2、3回会うタイミングで、おねだりしたりして何とかゲームを手に入れていました。

僕のおねだりがほぼゲームだったので、誕生日やクリスマスなどの記念日は確実にゲームを買ってもらえるように家族内でなっていき、いつしか大量のゲーム機やソフトが家には溢れ、楽しい時間を過ごしていました。

でも、自分でお金を稼げるようになった大学生くらいから、ゲームに対しての興味がどんどん薄れ、今ではゲーム機の電源を入れるのは1年で1回あれば多いくらいになりました。

元から好きではあったのですが、高校生になった頃から映画やバスケットボールのプロの試合観戦など、ゲーム以外への興味が出てきたからかもしれません。

それか、ゲームは**自分で自由に手に入れられなかったからこそ価値を感じていたのかもしれないです。**

高校生のときには映画の趣味の合う友達もできました。

その当時は今みたいなネットフリックスやアマゾンプライムなどのサブスク動画配信サービスがなかったので、街のレンタル屋さんに行ってDVDを借りて、友達とお互い借りた作品を見たり、感想を言い合ったりしていました。

同じようにゲームもクリアしたら交換して、みたいなことを繰り返して暇つぶしをしていたことを覚えています。

好きだった遊び

友達も僕もコメディ映画が特に好きで、その中でも『ハングオーバー』という映画が好きでよく話して盛り上がりました。大学生になって、撮影地のタイ・バンコクの、映画に登場するホテルに泊まりに行くほどハマっていました。

小学生の頃からバスケットボールをやっていたと書きましたが、高校生になってからはNBAというアメリカのバスケットボールリーグを見ることにどんどんのめり込んでいきました。自分的には正直な話、部活で実際に体を動かしてバスケットボールをやるより、見ている方が楽しかったんです。

決してバスケットボールをやることが嫌いだったのではなくて、見ている方が自分に合っていると気が付いたんです。走らなくていいですしね（笑）。

でもこの趣味「バスケットボール観戦」に関しては、周りに同じ熱量で好きという人がいなかったんです。もちろんNBAのことが好きな人はいました。なので、僕は自分でお金を稼げるようになった大学生からは「1年に1回、アメリカにNBAを観戦しに行く」という目標をたて、頑張ってバイトをして貯金して、ある程度お金が貯まったら観戦しにいく、そして帰ってきたらまた貯めるということを繰り返していました。

初めて海外に行ったのはそれこそ大学1年生のときで、ほぼ1年間ずっとバイト漬けの日々を過ごしてようやく70万円くらいお金を貯めた後に、アメリカに一人で2週間ほど行きました。各地を巡って試合をたくさん見たかったたし、観戦以外にもやりたいことがあったので、これだけのお金が1回の旅行で必要だったわけです。

あ、特に変なことはしておりません(笑)。

アメリカといえばいろいろな誘惑があったのですが、当時19歳だった僕は日々真面目に旅行して、真面目に楽しみました。

初の海外が一人旅でアメリカで2週間という、一歩間違えれば「もう海外旅行なんて行きたくない！」と思ってもおかしくないようなハードな内容だったのですが、僕はこの旅行から海外に行くことにハマって、他の国にも頻繁に旅行するようになりました。

振り返ってみると、歳を重ねるごとにハマっていることがどんどんと入れ替わっているのがわかりますね。**そして今では、ここに書いた今まで好きだったことと全てと疎遠になっています。**

結構飽きやすい性格なのかもしれませんね。

中学2年生のとき、無理する自分から逃げてみた。

僕は自分の動画の中や、コラボ動画の中、他にもいろいろな場所でいつもいつも**「友達がいない」やら「孤立している」やらをなぜか誇らしげに喋っています。**そういうこと言っちゃうのがかっこいいとか、一人で自由にやってんだぜというようなことをアピールしたいのかもしれません（こう書くとダサイやつですね）。

実際のところは、友達と言える人は少しですがいます。

ただ、僕が友達だと思っていても相手がそう思ってないパターンが怖くて、いつもほぼいないと発言してしまっているのです。

なぜ僕はこんなに「一人」とか「孤独」とか言うようになったのかを説明して

おきたいと思います。

始まりはおそらく中学生の頃です。

中学生になるまでの自分というのは前の方のページでも書いたように、正直ほとんど覚えていないのですが……というより覚えてる方が自分はすごいと思ってしまいます。皆さんは覚えているんですか？　すごいですね、尊敬します。自分は過去のことなどすぐに忘れてしまうタイプなので小学生、はたまた保育園、幼稚園の頃の記憶なんてほぼないに等しいです。

小学生の頃の一番印象深い思い出は、人に押されてちょうどスカートを履いていた女の子の下に転んでしまい、上を向いたらパンツを見てしまったことぐらいでしょうか？　本当に災難な出来事だと思います。

中学2年生のとき、無理する自分から逃げてみた。

話がそれました、すみません。

中学1年生の頃は、至って普通の学生というか、クラスの中で孤立するわけでもなく、なんなら目立つ人が多そうなグループにいるような学生だったような気がします。このスクールカースト的な目立つ人や人気者が上、静かな人や一人でいる人が下みたいな雰囲気が、自分的には大っ嫌いなのですが説明できないので、「嫌い」とだけ伝えておきます。

その頃の心境は今でも覚えているのですが、**〝疲れる〟**でした。

中学一年生の頃は目立つ人が多いグループにいないと恥ずかしいし、周りからどう思われてるんだろうとか、考えていました。自分のしたいことやりたいことより、周りの目を気にして、無理して目立つグループにいたんだと思います。

でもなぜか、中学2年生になった途端、そういう、人にどう思われるか気になる、上位グループにいなきゃ、という気持ちがプツっと消えてしまいました。**他人は自分のことなんて見てないし、そこまで周りの目を気にする必要はない**んじゃないかと思うようになっていきました。

特にきっかけがあったとかではありません。**クラスの中で無理をして過ごすことから逃げると同時に、本当は一人で過ごしたい自分を受け入れた**んだと思います。

それから、一人でクラスの中で過ごす休み時間には、本を読んだり、というか本しか読んでなかったわけですが、別に本を読むこと自体は別にそんなに好きなことではありませんでした。暇だから読んでました。

いくら一人で過ごしていた、といってもこれはクラスでの僕の立ち位置で、バスケットボール部に入っていた僕には部活の友達がたくさんいました。意外と忙しい部で、休みはほぼありませんでした。

部活の友達がいたこと、部活が忙しかったことなどがあって、クラスでは「一人」でいても寂しいとか、どう見られているんだろう、とか考えすぎずにすんだのかもしれません。

忙しくて休みがあまりない部活だったもので、遊びに行く暇はあんまりなかったですが、貴重な休みの日は部活の友達と遊んでいたと思います。あれ、僕一人じゃないですね。でも、一人の環境もあったから無理せず一緒にいられる部活の友達を大切にできていたのかもしれないです。

部活の友達はよかったのですが、部活そのものは大変で実は早く辞めたいなという気持ちでいっぱいでした。でも、「帰宅部なんだ」っていじられるのが嫌だったのと、「部活をやっていない人はろくでなし」みたいな印象を勝手に持っていたんですね。はい。

大人でいうと「働いてないのはよくない」みたいな発想ですかね。まさに今の僕じゃないですか……。

中学2年生のとき、無理する自分から逃げてみた。

それはさておき、「辞めてやる」「辞めたい」とか言うくせに絶対辞めない人いるじゃないですか。その当時、僕はそれでした。普段から辞めたいと発言するわりにはなんだかんだちゃんと参加する真面目な学生でしたね。

辞めたいと伝えて実行することからも逃げていたんだと思います。

放課後は部活をやって、帰宅したらまたバスケットボールを習いに行って、塾に行って過ごしていた中学生時代が、一番忙しかったんじゃないかなと思うくらいやることばかりでした。

やるべきことが溢れているとやるしかないので、しっかり全てに取り組んでいましたが、それでも習っていたバスケットボールに行く前や、塾に行く前はすごく憂鬱な気持ちになって、「やりたくない」「行きたくない」と結構強めに思っていました。それでも、**「辞めたい」とちゃんと言うのは無理**、僕はそんな中学生でした。

「二人一組になってください」が苦手です。

僕は先ほど話したように、クラスで一人でいることが多かったため、授業や学校行事などで「二人一組になってください」というような指示が大っ嫌いでした。

まず、人に話しかけること自体が苦手な性格です。

これは今でも変わっていません。飲食店で店員さんに注文するのも苦手です。人といたら、絶対頼んでもらいます。

皆さんもどこかで僕に会ったときに想像以上に無愛想だったら、「カノックスターってこういう性格なんだ」と寛大な心を持ってほしいと願ってます（笑）。

僕はたまに不機嫌です。でも、たまたま会ったあなたのことが嫌いなわけではないのでどうか許してください。

「二人一組になってください」が苦手です。

話を戻しますが、「二人一組になってください」とか「何人でグループを作ってください」っていうのが本当にすごく苦手です。それはなぜかというと、誰かと二人組になったり、グループになったりするためには話しかけないといけないじゃないですか。一人でいることが多くて、誰かとつるむことが少なかった僕にとってはその相手が仲のいい友達とは限らないわけで……（むしろそうでない可能性の方が高いわけです）。**こういうときにどうするかというと、これはもう何もしないで突っ立ってるだけでいい**と思っています。

もし学校でそういう場面があったとき生徒が一人でポツンとしていたら、何かしないといけない立場にあるのは先生です。先生に頼りましょう。

僕は先ほども言ったように周りの目を気にしなくなりました。

こういう場面で余って、先生にみんなの目の前で辱めを受けながら助けてもらっても全然恥ずかしくないのです。

意外に僕みたいな性格は少なくないと思います。先生に頼りたくない場合は同じような性格の人同士で固まればいいんじゃないかなと。

無駄なプライドが先行して、**「なんで孤立している人とグループにならなきゃいけねえんだ」**と心の中で思う場面もあったのですが、自分も言える立場にありませんでした。それに向こうも同じことを思っているかもしれません。

「なんで私がこんな人と」みたいな。


僕は、「二人一組になってください」以外のことも、苦手なことは無理する必要ないと思ってます。無理して自分の範囲外のことをやるより、他の長けてる人に頼りましょう。この場面「二人一組になってください」で言ったら先生です。大丈夫、なんとかしてくれます。

どうせやるなら、やりたいことだけ頑張りたい派なので、今でも苦手なことは無理してやらないです。少しでもやりたくないなと感じた瞬間にあきらめて、逃げますね。

ウェイウェイ期と一人期を繰り返した高校時代。

僕が通っていた高校は、本当に普通のところでした。

普段からなぜか育ちが良さそうとか、金持ちそうとか言われるのですが、特にそんなことはなく普通の学校、そして、頭の良さも本当に普通、なんなら誰でも行けそうな学校に通っていました。

なぜなら、勉強するのがめんどくさかったからです。あと、その学校が家から近かったからですね。その頃は、学校に行くために遠くの場所に行かなければいけない理由がわかりませんでした。

高校時代の僕は、中学生の頃と同じような行動を繰り返していて、1年生の時は「ウェーイ！ 楽しいぜ」とテンション高めの高校生活を満喫していたような気がします。

まあ、今まで出会ってこなかった初めて見る生徒たちがいるのですから、テンションが上がるのも無理もないでしょう。僕にだってそんな一面もありますよ。

そんな高校1年生も普通に楽しかった覚えがあります。

高校2年生もテンション高く過ごすのかと思ったら、**高校でもまた、その「ウェーイ！ 楽しいぜ」に疲れ**を感じる自分になってしまいました。

別に友達がいなかったというわけではないのですが、特に無理してアクションを起こしてまで人と過ごすということがなくなり、その結果一人でのんびり過ごしていたという記憶があります。

でも本当に気が合う友達ができたのも高校生のときです。

僕は高校でもバスケットボール部に入りました。部活の友達には今でも連絡をとるくらい仲良くなった人たちがいます。

ウェイウェイ期と一人期を繰り返した高校時代。

僕の高校生活は、中学時代以上にほぼ部活でした。

だから単純に、一緒に過ごす時間もめちゃめちゃ長かったんですよね。

「休み」といえる日や時間はほぼなかったのですが、貴重な休みのタイミングに遊ぶのはだいたい部活の友達とでした。大学時代も一緒に過ごすことになる、映画の趣味が合う友達も部活のメンバーの一人です。

また、部活以外でも一人だけ、高校生活ですごく仲良くなった人がいました。その人は見た目がとてもいかつく真っ黒で野球部で、わかりやすい特徴だけ見ると僕は結構苦手なタイプかもしれないと失礼ながら思ってしまうような人でした。こんな僕にずっと話しかけてきてくれて、それが不思議とイヤではなくて。

高校卒業後も、進路は別々だったのですが連絡をくれたりして、たまにでしたけど一緒に遊ぶこともありました。なんなら、最初の頃のYouTubeでは撮影を手伝ってくれたこともあります。僕にとっては、部活のメンバー以外でできたとても珍しい友達の一人でした。

一人で過ごす時間が多かったことは中学時代と変わらないにしろ、こうして今でも友達と言えるような人ができたのは高校生の頃でした。

高校生の頃は自分を繕わず、無理に自分から人とコミュニケーションを取ろうとしなくても話しかけてくれる人がいたり、部活でずっと一緒に過ごすというような環境があったりしたおかげで、数は少ないけど本当の友達ができたんだと思います。ありがたいですね。

大学、友達は一人。今は連絡とってないけど。

大学時代は今までとは全く違う生活になりました。

僕の人生の中で大切な分岐点と言っても過言ではないでしょう。

僕の中には、「大学には行かなきゃいけない」というような考えはありましたが、**特に何かやりたいことがあるわけでも、この大学にどうしてもいきたいというような考えがあるわけではありませんでした。**だから、推薦入試という、ほぼ勉強しなくても大学入学ができるような仕組みを使い、無理せず選べる範囲の中で興味があるところを選びました。

通うことになった大学へは、試験を受ける前に、体験入学で一度だけ行きました。そのときに家から通うのに苦じゃないなというような印象があったのが選んだ理由の1つでした。でも、実際通ってみると自宅から片道何時間もかかるようなところで……、すごく後悔していたことを今でも覚えています（なぜ気付かなかったのでしょうか……)。

高校生のときに、部活内で仲良くなった人と幸いにも同じ大学に通うことになったのですが、大学生活4年間、友達と言えるような友達はこの人だけでした。

なぜこのようなことになったかというと、やはり僕の性格上、初めましての人になかなか話しかける勇気が出ません。それは今でもそうです。

なので、特に友達作りを頑張ることもなく、**流れでできればいいや**程度の気持ちでいたんです。

でもやっぱり大学っていうのは自分から行かないと何も始まらないですね。

スタートダッシュの時点でつまずいていました。

入学式のとき、すでにみんな「この人はこの人」と把握していたみたいでした。入学前にTwitterやらなんやらで交流が始まっていたみたいです。

僕はそんなことを一切しておらず、高校時代の友達も特にしていなかったため同じように「ポツン」とした現象が起きていました。

というわけで、学校生活は高校のときの友達とほぼ2人で過ごしていました。

大学、友達は一人。今は連絡とってないけど。

その友達は「親友」と呼べるような人になり、一緒に遊んだり、海外旅行に一緒に行ったりしていました。ＹｏｕＴｕｂｅを始めた最初の頃、架空請求に電話するという動画を撮影したことがあるのですが（今思えば黒歴史確定です……）、まず架空請求業者に電話をしてみたら会話にならず、この友達に協力をしてもらった、なんていうこともありました。そんなことに協力してもらうくらい仲が良かったですが、今は特に連絡はとっていません。でも、今も僕にとって大切な友達です。彼がいたおかげで、大学内では他に友達も必要とせず、楽しく過ごすことができました。

友達が一人しかいなかったので、自然と一人の行動も増えていきました。一人時間が多いことの強みでもあるのですが、他人と接する時間が少ない分、自分のための時間が鬼のようにあります。それで次第に、自分の人生について考えるようになりました。

「はじめに」でも書きましたが、大学時代は一生懸命バイトをして、お金が貯まったら海外旅行に行く、というのを繰り返していました。アメリカで本場のNBAの試合を見たり、様々な場所を観光したりしているうちに、「アメリカに住んで、英語で仕事をできるようになりたい」と思うようになっていました。

このままでは平凡な人生にしかならない、とも考えていたので、アメリカに移住するために今何をすべきかをまとめて、できることから1つずつ始めるようになったんですね。

そのうちの1つとして始めたのがずっと嫌いだった、英語の勉強です。今でこそ、皆さんに英語が得意とか思われている僕ですが、このときまでは嫌いだったんです。休みの日は朝から夜まで、大学やバイトがある日は休み時間やどんなに帰りが遅くなっても家に帰ってから、とにかく勉強しまくっていました。

今思えば、よくやったな、と思います。ただ、一生懸命やるうちに**英語の勉強にも楽しさを見出すことができました**（今はもう、あんなにやりたくないですけど）。

大学、友達は一人。今は連絡とってないけど。

一年半くらい必死に勉強をして、ほぼ英語力ゼロの状態から、アメリカのコミュニティカレッジなら頑張ればいけるんじゃないか、というところまで到達しました。

このとき、少し落ち着いてこれからの将来、何をしようかなと考えたときに始めたのがＹｏｕＴｕｂｅです。

当時の僕は、大学４年生。まだ就職活動はしていませんでした。

これが、僕の人生が大きく変えました。

再生回数が最初からすごく多かったとか、コメント殺到とかではなかったですが、なんとなく始めたＹｏｕＴｕｂｅがとにかく楽しくて。どんどんどんどん海外留学のことを忘れ、ＹｏｕＴｕｂｅにハマっていきました。

今、ほぼ誰にも会わない生活について。

そして今。今は人生で一番自由に楽しく忙しく充実した時間を過ごしていると思っています。

YouTubeの撮影やら編集やら楽しくやっていますので、（いや編集に関してはは結構きつい時もありますが、）仕事というような感じが一切しないです。

こう見えても朝は早く起きたいし、夜は決まった時間に寝たいタイプの人間なので生活スタイルはYouTuberながら結構しっかりしている方だと思います。最近は少し崩れてきてますが。

やっぱり僕の生活スタイル的にだいたい一人です。

普段の撮影、編集などは全て一人で完結しています。全て一人でやらなきゃいけないので、毎日起きてる時間はだいたい撮影、編集、企画を考えるなどしていて、気付いたら寝る時間だっていうことがほとんどで、**毎日毎日が本当にすぎるのが早いです。**気付いたら1ヶ月経っています。

人によっては、ずっと一人でいるなんて耐えられない、という場合もあるのかもしれませんが、僕は学生時代も一人でいることが苦ではなかったですし、性格的にも一人でいることが楽だと感じている部分もあるので超適応できています。

しかし、周りのYouTuberを見るとみんなで撮ってたりとかするのが羨ましく思うのもまた事実です。

コロナが流行る前は少し活動的にしてみようと、なるべく外に出たり、遊びに行ったり、また誘われることも多かったので、誘いにのってみたりして、それはそれで楽しいなと過ごしていたのですが、今のこのご時世になったタイミングで一気に遮断されて今また一人の生活を満喫しています。

本当にコラボ撮影以外で人と会う機会はゼロなんじゃないかと思うくらいの状態です。

まあしょうがないと言えばしょうがないのですし、**その代わりに自分のやるべ**

きことに集中できるのもまた事実です。

僕のやるべきことの1つに「皆さんの反応を見る」というのがあります。やるべきこと、というかもはや好きでやっているのかもしれませんね。

動画を撮影、編集、アップロードしたら、みんなの反応にハートマークを押してます。

あれ、たまに他の人雇ってて、自分でハート押してないだろとか、ハート速すぎてヤバすぎみたいなコメントが来るのですが、ハートを押す係という役割の人がいるのかわかりませんが、みなさんと違ってそんな人を雇うお金は十二分にありますが（笑）、自分の手でしっかり凝視して気持ち悪い顔をしてニヤニヤ押しておりますのでご心配なく。

この反応を確認する時間って結構長くて、その反応を見てサムネをコロコロ変えたりしています。

皆さんの反応を見るのに満足したら、また動画撮影をしたり動画のネタ探しをしたり、だらだらYouTubeを見たりして僕の一日が終わります。

こうしてまとめると、僕の生活、**結構地味なんですよね。**

好きなことや、熱中できることがあるとあっという間に時間が過ぎていきませんか？　今、一人時間を過ごすことが世の中的にも特に多くなってきているのか、「一人の時間を楽しむコツは何ですか？」と聞かれることがあります。

僕はもう一人の時間を楽しむプロなので、やっと時代が追いついてきたなと思ったり思わなかったりもしますが（笑）、好きなことや熱中できることを見つけてそれをやるのが一番だと知っています。

僕の場合は苦手なことや嫌なこと、心配なことなどから逃げた先に熱中できる「YouTube」がありました。YouTubeは大変なこともありますが、この大変さが嫌じゃないと思えるんですよね。

別に大きな夢じゃなくたって、今楽しかったり、楽だと思えることがあったらそれで良くないですか？

ちなみにＹｏｕＴｕｂｅ以外で今僕の趣味といえるのは物件情報を見ることです。落ち着かない状況が続いているということもありますが、単純に見ていて楽しいんです。だから、時間もあっという間に過ぎてしまって、ちょっと困るくらいです。まあ、家は大事だから仕方ないですね。

2章 一人時間のおとも。つまり、好き。

KANOCKSTAR

昔から、好きなことは基本一人でやる派。その方が、自分のペースで楽しめるから。

僕が好きなものってなんだっけ?——考えて

みたけど、なかなか出てこなくて（笑）、たくさんあるようでそんなに多くないんだな、と。その分、ひとつのものを徹底的に追求することの方が多い気がします。

最近は動画の撮影・編集以外とか、他にもやらなければならないことが膨大にあったり、こういうご時世というのもあったりして、なかなかやりたいことに手を付けられないんですけど、少し余裕ができたら、また自由な日常が戻ってきたら、一人でのんびりと好きなことをして過ごす時間も欲しいなと思っています。

とはいえ、動画ももちろん好きでやっていることの1つなんですけどね。

好きな映画

かの的映画Best3

- マスク（1994年）
- スイス・アーミー・マン（2016年）
- ガーディアンズ・オブ・ギャラクシー：リミックス（2017年）

昔から、もっぱら洋画ばかり見てきました。「海外のやつの方がかっこいいでしょ！」って、完全に中二病でした（笑）。でも、今でも面白いなと思う映画はだいたい洋画です。

保育園の頃から、ヒーローものとコメディ映画を好んで見ていました。その中でも、何十回も繰り返し見たのが『マスク』。父と一緒にレンタルビデオ店に行って好きな作品を選んで借りて、家で一人で見ていたのですが、幼い僕がなぜ『マスク』を手に取ったのか、理由は今でもわかりません（笑）。走るときの助走のつけ

movie——

方や体全体を使って声を出して喋るマスクの大げさでわざとらしい動きが大好きで飽きることなく何度も見ていました。マスクをつけているときと、つけていないときのキャラクターのギャップも面白くて、ハマっていたんですよね。僕のYouTubeのコメントで「わざとらしい」とコメントがくることがあるのですが、その始まりはこのマスクかもしれない、って思います。動画の僕と普段の僕のギャップも通ずるところがあるなと。

英語を勉強していたときに見て、今も好きだと思うのが『スイス・アーミー・マン』と『ガーディアンズ・オブ・ギャラクシー：リミックス』。『スイス・アーミー・マン』は死体を使ってサバイバルをしたり、口づけをしたり、ちょっと気持ち悪くも思えてしまうようなコメディだと思っていたんです。でも、最後感動しちゃっていい意味で裏切ってきました。『ガーディアンズ・オブ・ギャラクシー：リミックス』はヨンドゥというキャラクターが大好きなのですが、理由を書くとネタバレになってしまうのでやめておきましょう。見たら絶対好きになるので、皆さん見てみてください。

movie

僕のYouTubeは
マスクに似てるかも。

好きな本

かの的本Best3

- **USJを劇的に変えた、たった1つの考え方**
  成功を引き寄せるマーケティング入門（森岡毅）
- **破天荒フェニックス**
  オンデーズ再生物語（田中修治）
- **大迫力！世界のUMA未確認生物大百科**（天野ミチヒロ）

学生のときから、一人で過ごすことが多かったので、必然的に読書もそれなりにしてきたのですが、ＹｏｕＴｕｂｅを始めてからはビジネス書も読むようになりました。もう立派な大人ですので、ビジネスも勉強しないといかないといけないですもんね。ちなみに、思い立ったときにパッと買えてすぐ読める電子書籍派です。

印象に残っている一冊が『ＵＳＪを劇的に変えた、たった１つの考え方』。Ｕ

book

SJ好きがきっかけで購入したのですが、すごいんです。僕なりに学んだのは、今ある限られたものだけでも発想を変えれば、失敗や悩みを成功に変えられるということ。たとえば、人気があまりないジェットコースターがあってお金もなくて……、そんな場合は後ろ向きに動かしたら話題になったという話とか。僕の動画にも活かせそうだなと思いながら読んでいました。

『破天荒フェニックス』は去年の夏、僕のやる気やモチベーションがどん底というときに読みました。こういうときに本を読むと何かちょっと力が出るんですよね。話の中で主人公の戦っている次元がすごすぎて、僕の悩みなんてちっぽけだな、こんなちっぽけなこと気にしてる場合じゃない、頑張らなきゃって思ったのを覚えています。三冊目、このUMAと未確認生物の本、いや、本以外もこのジャンル大好きで。ほかにも、小中学生のときから図鑑や都市伝説をテーマにしたホラー小説をよく読んでいました。未確認生物は絶対いるでしょ！　って信じているけど、実際に会ったら怖いだろうな（笑）。ちなみに特に好きなのは「モンゴリアンデスワーム」と「ニンゲン」です。いくらでも語れますけど、聞きます？（笑）

difficult? fun?

僕が好きな

food
成分表
食べ物を買うときに必ず見ます。特に気になるのは脂質。カロリーはあまり気にしません。

love
ディズニー全般
問答無用！

HP
物件サイト
最近の楽しみの1つ。自分の予算の範囲内で、どれぐらいの広さのところに住めるのかなーって見るのが好き。

place
狭い空間
狭い部屋は落ち着きます。用を足すためじゃなく、なんとなくトイレに入ってYouTubeを見ることもあります。

dog
ワンコ
子供の頃からずっと飼ってるし、かわいくてたまらない。

sports
バスケットボール
中・高と部活でもずっとやってたし、特にNBAを見るのが好き。好きなチームはサクラメント・キングス。

beer
ビール
たまにですが、家でも飲んでいます。好きなのは「イネディット」。高いんですけど、苦みがなくて飲みやすいんです。

dog
ワンコのご飯作り
うちのワンコの体のことを考えて、なるべく添加物のないものを調べて買って、バランスよく混ぜてあげています。

music
BTS
家での作業中とかに、よくBTSの曲を聞いてます。一番好きな曲は「Lights」かな。

いろいろなもの

morning
朝
動画の撮影とか編集をしていると夜ふかししちゃうこともあるけど、朝はちゃんと起きて午前中から行動したい派。

cook
料理
時間がかかるからあまりやらないけど、レシピを調べていろいろ作るのは好きです。

camera
カメラ
動画を撮るためのカメラは結構こだわっています。今使っているのは、パナソニックの「GH5S」。

furiniture
家具
最近は食器棚が欲しくて調べていました。家具は色をそろえて、部屋全体の統一感を出したいです。

food
揚げ物
脂は取らないように気を付けているけど、実は揚げ物が好き。2週間に1回くらいは自分を許して食べます。

glass
バカラのグラス
視聴者の方にいただいたものを愛用しています。「福」の文字が入っていて、運気がよくなりそうだから。

train
電車
子供の頃から電車に乗るのが好き。知らないところに行けるって思うとワクワクします。

food
刺身
最近は魚ばかり食べてます。海鮮系全般いけるけど、特に好きなのはマグロ、サーモン、エビ、貝類。

light
間接照明
本当は白い光の照明が好きなんだけど、部屋をおしゃれにしたいから、オレンジ系の柔らかい光の照明で統一しています。

行ってみてよかった国

僕が行ったことのある外国は、9か所。
その中から、行ってみて本当によかった
場所をいくつか紹介します。

アメリカ、タイ、フィリピン、台湾、香港、
マレーシア、中国、韓国、ベトナム

タイ

ホテルから見えた海と空がきれいすぎる。これを見たくて何度も行っちゃう。

チャオプラヤー川を船で移動。汚いところもリアルでいい（笑）。

タイの海ってめちゃめちゃきれいなんですよ。日本ではあまり海に行きたいと思わないけど、タイではよくビーチに行きましたね。

オススメはサムイ島。ＹｏｕＴｕｂｅで見つけて気になっていたんですけど、行ってみたら日本人も少なかったし、海も景色もきれいで最高でした。

どこか観光地に行くわけでもなく、気が向いたら街やビーチを散歩したり、デパートに買い物に行ったり、ご飯を食べに行ったり。そういうのんびり過ごす時間がたまらなく好きです。タイには合計で4回くらい行ってると思います。

タイ料理好きすぎてこれ頼みすぎてない？

韓国

動画でも紹介しているけど、韓国も好きで、何度も行っています。たぶん3回はもう行ってると思う。いつもソウルばかりだけど、街をぶらぶらしながら、その国の空気みたいなのを感じる瞬間がいいんですよね。韓国では現地の人と間違えられて、話しかけられることが多いです（笑）。韓国語わからないのに！　でも、街中には日本語の表示が多いし、なんとかなります。

もちろん韓国はご飯もおいしいですからね。実は……辛い麺は動画以外ではほぼ食べません（笑）。辛いのはそんなに得意じゃないの。

屋台をブラブラ歩くのは好きな時間。

韓国行ったらやっぱり生肉食べなきゃ。ユッケ最高。

超巨大なチムタク。おいしいんだけどでかすぎた。

アメリカ合衆国

記念すべき初めての海外旅行の地。NBAを観戦するためにロサンゼルス、ニューヨーク、ボストン、サクラメントの街に行って、その土地ごとのチームの試合を何回も見ましたが、感動！

ロサンゼルスではちょっと危なそうなところに行きたいと思って、地元の人すら乗らないような地下鉄に乗りました。怖そうな人たちはいたけど、そういうのを楽しみたいって変ですかね？　その場所のリアルを感じたいと思っちゃったんですよね。ニューヨークは、都会と自然が混ざっている感じがすごくよかったなぁ。そのほか、ラスベガスは観戦目的じゃなかったけど、やっぱりおさえておくべきかなと思って行きました（笑）。派手でとにかくすごかった（語彙力）。

タイムズスクエアは夜の方がテンション上がる。

近くで見たから興奮がヤバッ。前の人の肩幅もヤバッ。

行ってみたい国

今はなかなか
自由に海外旅行には行けないけど、
行けるようになったら行ってみたい
国や場所はたくさんあります。
その中でも特に行ってみたい国が
フランス、メキシコ、UAEです。

メキシコ

メキシコといったら、タコス。

とにかく本場のメキシコ料理を食べたい！　アメリカで食べたメキシコ料理の味が忘れられないんですよ。日本でもたまにメキシコ料理のお店に行ったりするけど、やっぱり現地で食べたいですよね。**地元の人だけが知っているようなお店に行きたいです。**

あと、僕が海外旅行が好きな理由のひとつは、**日常とは違う「ハラハラ」を感じたい**からなんですけど、メキシコはハラハラする確率が高そうな国だから（笑）。アメリカ側から歩いて国境を越えられるというのも魅力的！

街並みもイイ。あー行って見たい！

DATA

正式名称：メキシコ合衆国
首都：メキシコシティ
お金の単位：ペソ
言語：スペイン語
時差：−15時間（メキシコシティ）

フランス・パリ

服が好きだからいろんなショップを見て回りたいとか、シャンゼリゼ通りを歩いてみたいとかもありますけど、**パリに行きたい一番の理由はディズニーランドです！**

フロリダとか上海のディズニーランドに行ったという話はよく聞くけど、「パリのディズニーランドに行ってきました〜♪」とか、ほとんど聞いたことがなくないですか？　僕はないです。

海外のディズニーランドにはまだ行ったことがないから、もちろんパリもだけど、いつかは制覇したいです。ついでに、パリのおしゃれなスポットを見て動画も撮ってみたいな。フランスでモッパンしたら、おしゃれになりますかね？

ただのパンもおしゃれですよね。たたいたら、痛いかな……。

DATA

正式名称：フランス共和国
首都：パリ
お金の単位：ユーロ
言語：フランス語
時差：－8時間（パリ）

UAE・ドバイ

ドバイでは生の羊の肉を食べられるらしいんです。それを知ってからめちゃめちゃ興味を持ちました。他のアラブ料理も調べてみたら、僕が好きそうなものばかりだったし、**いろんな料理を食べてみたいです。**

それに街並みが近未来っぽくて、他の国とはレベルが違いそう。実際に見て回りたいですね。お金持ちの人が多いというのもステキです（笑）。意外とすぐ行けそうな気がするから、コロナが落ち着いたらサクッと行ってみようかな。

食べてみたいアラブの料理。肉。

行って、この目で見たい。

DATA

正式名称：アラブ首長国連邦
首都：アブダビ
お金の単位：ディルハム
言語：アラビア語
時差：－5時間（ドバイ）

妄想はすばらしい

妄想、好きですね。最近は忙しいからなかなかボーっと妄想する時間はないけど、学生時代は日々妄想に励んでいました。

僕の妄想歴はというと、保育園までさかのぼります。当時の僕はヒーローが好きで、ヒーローもののテレビ番組や映画をよく見ていました。で、見終わった後は、自分がその世界の中で特殊能力を持つヒーローとして敵を倒したり、建物を壊したり、ボスと戦ったりして人々に称賛される。そんな妄想を繰り返していました。

妄想では「スパイダーマン」になったこともあります（笑）。「スパイダーマン」は漫画も映画も好きだったから、自分もスパイダーマンになって、ビルからビルへと飛び移ったりとか、そういう妄想をもう数え切れないくらいしましたね。

中学時代は、読んでいた本の主人公を自分に置き換えると内容が理解しやすい気がして、自然と妄想するようになっていたし、高校時代は、アイドルと付き合うゲームをやってたから、自分もアイドルと付き合ったら……という妄想をめちゃくちゃしていました。ここでは書けないことばかりだけどね（笑）。

そんな感じで僕の妄想力はどんどん進化していきました。

妄想ってすばらしいと思うんですよね。**頭の中では、僕はどんなことでもできる。できないことがない。**それが、例えば今の人間は持っていない特殊能力だとしても、何十年後とか何百年後とかにはできるようになっているんじゃないかと思ってワクワクします。

特に疲れるわけでもないし、いい趣味だと思いませんか？？

僕の妄想力は
日々、進化しています。

もしも ヒーローになるなら？

子供の頃からヒーローものに夢中でしたけど、**実は悪役の方が好きです。**特に最近は。

「スパイダーマン」の漫画に登場する、電気を操る敵キャラ「エレクトロ」が好きなんですよね。星みたいな仮面をつけていて、全身タイツの気持ち悪いキャラクター。見た目がダサいところが好きだったのに、映画ではかっこよくなっていて、全然違う！　と思って残念だったんですけど（笑）。

だから、僕がもしヒーローになるなら、ではなく、悪役になるなら、エレクトロのような手から電気を出す怪人になりたいです。

ある日、僕は雷に打たれて重体になります。はい。もう妄想が始まってますよ。

命をとりとめた僕はその後、みるみる回復していって、普通の生活を送れるようになりました。そんなとき、ふとした瞬間に指先がパチンと光ります。家の電気も勝手に消えたり、もしくは動きだしたり……。「なんかおかしい」ということが続いたことで、自分が電気を操れるようになったことに気付きます。

そんな能力を手に入れた僕は、最初はヒーローのように人助けをしていくんだけど、だんだんそんな日常に飽きてしまうんです。

「もっと派手なことをしたい」

そう思った僕は建物や町を破壊しまくる、悪の道に走ってしまいます。破壊って楽しい！

ここでヒーローが現れるんですよね。定番の流れ。僕はヒーローと戦うけど、倒されてしまう……。

しかし、ヒーローの前に屈した僕は改心。その後はヒーローと共に、再び人助けに励むようになります。

いやー、いい話でしたねー。は？

もしもタイムトリップできたら？

断然未来に行きたいです。**10年後の自分が何をしているのか見てみたいですね。**

YouTuberをやっている以上、10年後に何をしているのかまったく想像できないですし、生きているのか死んでいるのか確認しに行きたいです。

希望としては金持ちになっててほしい！　将来が不安だから、お金はめちゃくちゃ欲しい！

でも思い通りになっていなかったら……。落ちぶれた自分を見てしまったら、現代に戻っても絶望するしかない。「やっちまったな……」って。何か行動しなかったら「ああなるんだ」と思うし、行動したとしても「これが原因でああなるんだ」と、何をしてもしなくてもあの未来が待っていると、どうしても思ってしまう気がします。

やっぱり未来を見るの怖い。やめた方がいい（笑）。理想の未来になっていたとしても、自信がつきすぎちゃって、逆にうまくいかないかもしれないし。

とは言っても、過去に興味はないんですよね。昔に戻りたいと思ったことは1回もない。

でも、昔の時代を見てみたいという願望はあります。原始人はどんな姿で、どういう生活してたんだろうって思います。もしかしたら、縄文時代にもＹｏｕＴｕｂｅみたいなものがあったかもしれないし！（笑）そんな前じゃなくても、１００年くらい前でもいいかな。その頃と現代を比べて、どれくらい進化したのかとか、実際に見てみたいですね。

もしも行けたとしてもカメラは持っていきません。他の人には秘密！

もしも

人間以外の生き物だったら？

サメとかライオンとかクマとかになりたいですね。

強い生物になることが大事です。

強いと生物の中でも〝上〟の立場になれそうだし、戦っても負けることが少なそうで、人生（動生？）が楽そうだから（笑）。あえて弱いものになりたいという人、そんなにいないでしょ。昔から動物の動画を見るのは好きだし、動物のドキュメンタリーも好きで見ていた時期もありますが、自然と見入っちゃうのが巨大で強い生物のものが多かったですね。

鳥もいいですね。ありきたりですが空を飛べるのは気持ちよさそうですから。自由に空を飛び回る野生のワシとかかな。鳥だとしてもやっぱりかっこよくて強いやつがいいですね。

ちょっと待って……。**よく考えてみたらやっぱり、家で大事に飼われているペットの方が、生きるの楽じゃない？**　毎日ご飯も自動的に出てくるし、襲われる心配もないし。寝て食べて遊ぶだけの生活でしょ？　最高かよ！

それだったらピットブルかな。知ってますか？　犬の種類です。日本ではほとんど見ないけど、アメリカに行ったときに見かけて、かっこいいなって思ったんですよね。ググってみてください。画像見ました？　ごつくて巨大で強そうでしょ。飼い犬だとしてもやっぱり強くないと。コイツはちゃんとしつけないとヤバイやつなんですよ……。

いろいろ妄想してみたけど、やっぱり人間がいいな……。人間として動物をかわいがっている方が楽しい。

スーパーマーケットに行くのが好き

来ました！

スーパーマーケットってめちゃめちゃ楽しくないですか？

子供の頃は、母がスーパーに買い物に行くときには必ずついて行くタイプでした。みんなそうなのかな？　だって、お菓子とか買ってもらえるしね（笑）。僕もよくお菓子をねだっていた気がします。

特に、おじいちゃん、おばあちゃんの家に行ったときは、何でも買ってもらえるから、喜んでついて行ってました（笑）。

近所のスーパーはもちろんだけど、たまについて行くコストコがすごく楽しくて。海外のお菓子とか食材とか、珍しいものがたくさんあるから、見ているだけ

スーパーマーケットに行くのが好き

でめちゃめちゃ楽しい！　コストコは今でもときどき行きます。カルディとか成城石井も行ってました。今回お邪魔したヤオコーは初！　いい感じだったので家の近くにほしい！
　海外や旅行に行ったときにも、必ずと言っていいほど、現地のスーパーに行きます。スーパーってその土地の空気感というか、現地の人たちの息づかい

を肌で感じられる場所だと思うんです。だから行くだけでめちゃくちゃテンションが上がります。

普段の買い物は、刺身と肉と惣菜のコーナーを見て回ります。基本的に生ものを買うことが多いから、あまり買いだめはしません。その日食べる分だけ……のパターンが多いですね。

動画撮影の買い出しもたまに行きますけど、僕の動画で使う食材って特殊なものが多いから、基本的にネットで買っちゃ

スーパーマーケットに行くのが好き

うことの方が多いですね。買い出しに行くなら、家で何を買うか決めてから行きます。やりくり上手な主婦みたいでしょ？　スーパーって回ってると、時間がすぐ経っちゃう。滞在しすぎるのは、お店にも他のお客さんにも迷惑かなって。携帯見ながらウロチョロしてる人ってよくいるじゃないですか。あれ、じゃまだなって思うんで（笑）、自分はそっち側の人間になりたくないんですよね。でも、今回みたいにたまにしか行けないよう

なスーパーだと見たことない商品があって楽しくて、ちょっと長居しちゃいます。一応、周りには気を遣いながら。

今日はいつもよりたくさん買っちゃいました。安定の刺身と肉。あと馬刺し。生肉には目がないので、即購入！　でかいイチゴは見つけて思わずかごに。ワインも普段はあまり飲まないけど、店員さんが丁寧に説明してくれたのでつい……。これ……今日はパーティーですね。もちろん一人で（笑）。

今回は、楽しすぎてこんなにたくさん買っちゃいました
Kiwi Gold
Driscoll's

3章

カノックスターのリアル

KANOCKSTAR

動画でもちょいちょい出している部分はあるけど、僕のリアルな暮らしぶりとか、歩んできた人生とか、スタイルのいいカラダ（は?）とか、素顔の僕について、少しさらけ出してみたいと思います。

いつも使っているモノとか着ている洋服とか、僕を取り囲む〝お気に入り〟ばかりです。

そして人生に関しては、僕、子供の頃のことってほとんど覚えていないから、今回、母親にも昔の話を聞いたりしちゃって。自分のことなのに自分でも知らなかったことがたくさんあって驚いてます（笑）。

それにしても、子供の僕ってかわいい（は？）。

KANOCKSTAR

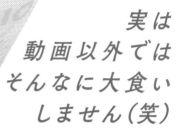

実は
動画以外では
そんなに大食い
しません（笑）

コーヒー

サンドイッチ

寿司

体にイイ、
ラクなものを食べます。

ある日の食事

食

普段のご飯は、たぶんみんなよりもかなり質素です。動画であんなにたくさん食べてたら、もうそれだけで一日はお腹いっぱい。しかも、意外と健康にも気を付けているので、糖質や脂質が少なめのものを選んで食べることが多いです。**だからラーメンとか好きそうに見えるかもしれないけど、食べません。ラーメンよりもそばが好きです。**コンビニでもよくそばを選ぶし、魚も大好き。魚、特に刺身を買ってよく食べます。刺身はしょうゆかけるだけで食べられるのもすごくい い（笑）。もう何もしたくないとき、面倒なときは刺身買っちゃう。料理も嫌いではないけど、**動画を作って編集することが何よりも大切なので、動画以外では年に2回くらいしか料理はしないかも。**

僕の得意な料理「スープカレー」、紹介しておきますね。

モッパンならぬ

カノックスターのテッパンレシピ

レシピ名

スープカレー

用意するもの

鶏むね肉、ブロッコリー、ニンジン、ズッキーニ、オクラなど好きな野菜、スープカレーの素

手順

① 肉は一口大に、野菜は大きめに切る。
② 深めの鍋に具を全部入れて炒める。
③ 水を入れて煮込む。
④ 素を入れてできあがり。

筋肉

やっぱり男の子だから、いい体になりたいんですよ！　海外の映画を見ていると、めちゃくちゃいい体の男の人たちがたくさん出てきて、それに憧れていました。僕もいい体に近付きたいので、大学生から筋トレを始めました。

一番鍛えていたのは、背中と肩。大学

たまにはスクワットも…って
これキツいんですけど～！

家トレ

1. けんすい　10回×3～4セット
2. ダンベル　左右各10回×5セット

筋トレメニューはYouTubeで研究。
鍛えたい部分に合ったメニューを
ちゃんとリサーチして
自分ができる範囲で続けることが大事だね。

生の頃はかなり筋トレにはまってたから、肩周りは結構でかかったです。今はそれほどでもないかな（笑）。

あとは、スタイルがいい方が服も着こなせますよね。周りからも「太った？」ってすごい言われるし。そのときは、僕の場合は動画でたくさん食べるから、プライベートではあまり食べないようにしたのと、筋トレで10kg痩せました。食事制限だけじゃなく、筋トレは大事。

最近はジムにも頻繁に通えないし、自宅でもそんなに筋トレしているわけじゃないけど、将来的に体型をキープしたいから、また頑張ります。

憧れの体に仕上がった！（ホント？）

かっこいい
体を目指して
頑張るよ〜
ジムではとにかく追い込む！
1時間半くらいずーっと
集中してやっていました。

筋トレメニュー in ジム

① シーテッドローイング　10回×5セット

② ダンベル　左右各10回×5セット

③ ベンチプレス　3回

④ ストレッチ

服

服を買うときの一番の基準は
自分の体に合っているかどうか。
ダボっとしているのがイヤなんじゃなく
着たときにしっくりくるかどうかって
いう感覚で選んでます。安いものを
たくさん買うんじゃなく、高くて
いいものを買って、大事に着るタイプ。

トップス

白いタンクトップとTシャツはマスト。
重ねて着るのにもかかせないです。

パンツ

パンツは基本的にデニム。フォーマルな
場所に行くこともほとんどないので。

アクセサリー

東南アジアが好きなので、そっち系の
ネックレスをすることが多いです。
あんまり見えることはないけどヘビロテしてます。

アウター

黒の名残が残っている（笑）。
中に色の服着たらやっぱ
アウターは黒にしときたいよね。

くつ

くつは黒！考えなくていいからラク！　そして履きやすいもの
ばかり履くからお気に入りをローテすることが多いです。

こちら、僕のリアルなコーディネイトです。この格好で本当に過ごしてます（笑）。緑や青が好きなので、それに合わせてコーデも組むことが増えました。とは言っても、そこまですごく考えて服を決めているという感じでもなく、その日そのときの直感でパッと手に取ったものを着たり、トップスとパンツのブランドをそろえたりするくらい。

それにしても、どれもいい感じだわ〜！（笑）

めちゃくちゃ暑い日は
タンクトップオンリー
ピクニックとか行きそう。
絶対行かないけど（笑）
きれいめアウターで
ちょいフォーマル！？

リアルコーディネイトです。

夜遊び専用!?
全身GUCCIの
成金コーデ（笑）

犬の散歩は
かっこよく&
動きやすく

どれもホントに
お気に入り

秋の涼しさを
感じた日は
ブルゾンで

服 カノックスターの

物

かばんは持たない人も
多いけど、僕は絶対持つ派です。
なぜなら、いつ何時も動画の編集を
するから。動画の編集にパソコンや
メモリ、電源、イヤホンはかかせないので
それをかばんに入れて持ち歩いていると
気が付いたらめっちゃ重いんですけど〜！

オリジナルグッズ

このときはたまたま持ってた。完成したグッズは必ず自分でも確認する。我ながらかわいくできたと思う。

リップクリーム

身だしなみ大事！くちびるって乾燥するよね。

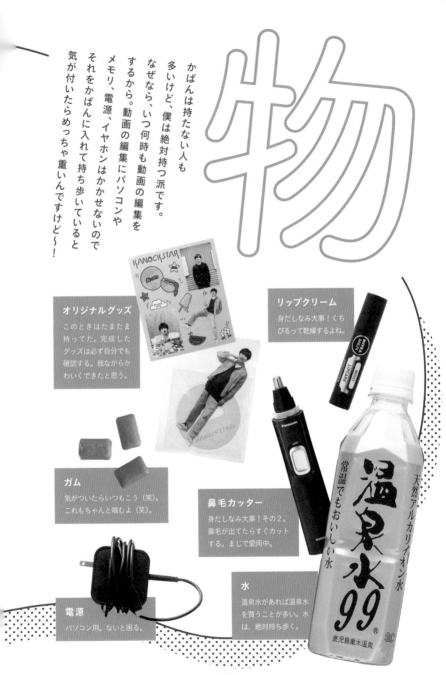

ガム

気がついたらいつもこう（笑）。これもちゃんと噛むよ（笑）。

鼻毛カッター

身だしなみ大事！その2。鼻毛が出てたらすぐカットする。まじで愛用中。

水

温泉水があれば温泉水を買うことが多い。水は、絶対持ち歩く。

電源

パソコン用。ないと困る。

ある日のかばんの中身

財布

スマホにくっつくタイプ。カードくらいしか入ってない。小銭はそのままかばんに入れるスタイル（笑）。

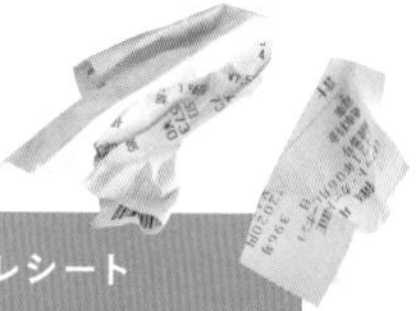

レシート

もらわなければいいのにと思う。もらったままかばんに入れて気がついたらぐちゃぐちゃ。

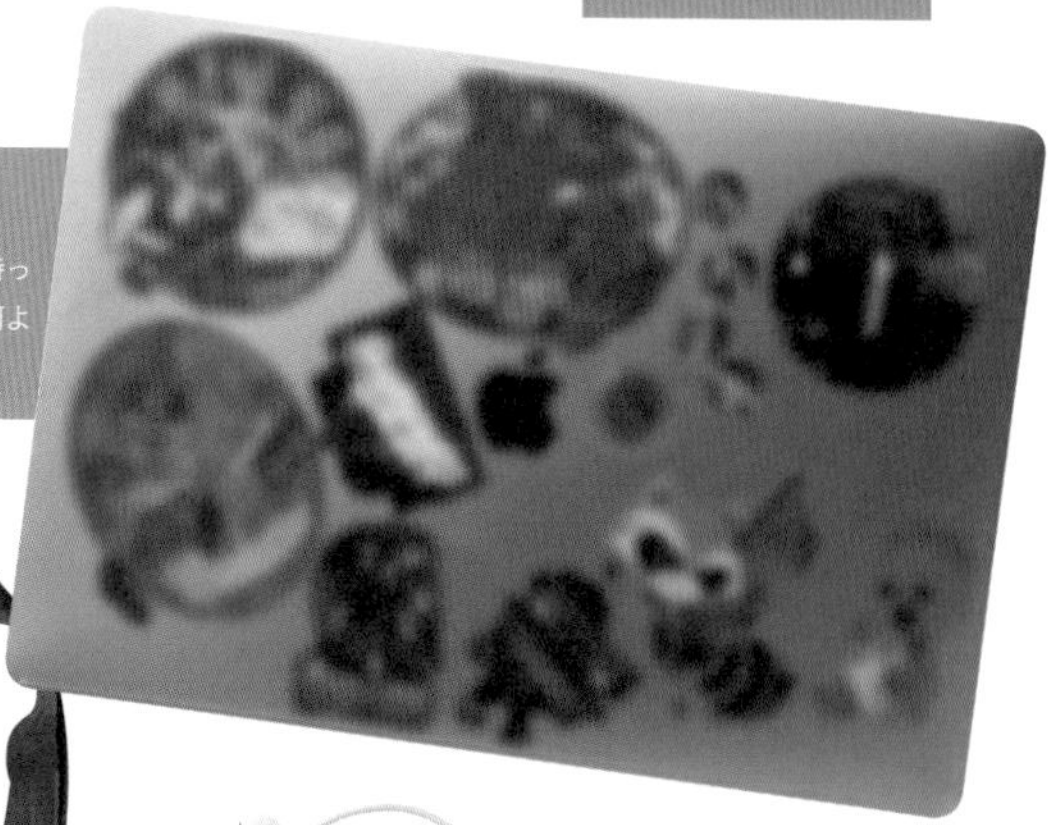

パソコン

これは絶対いつも持ってる。動画編集が何よりも第一だから。

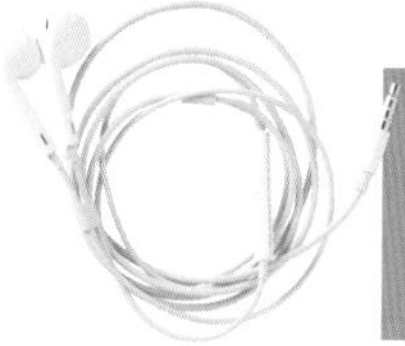

イヤホン

片耳で聞きながら編集する。タイミングが大事だから、有線派。

メモリ

データは全てこの中に。これもないと動画出せない。

かばん

トートバッグが基本。すぐ入れてすぐ取り出せる。

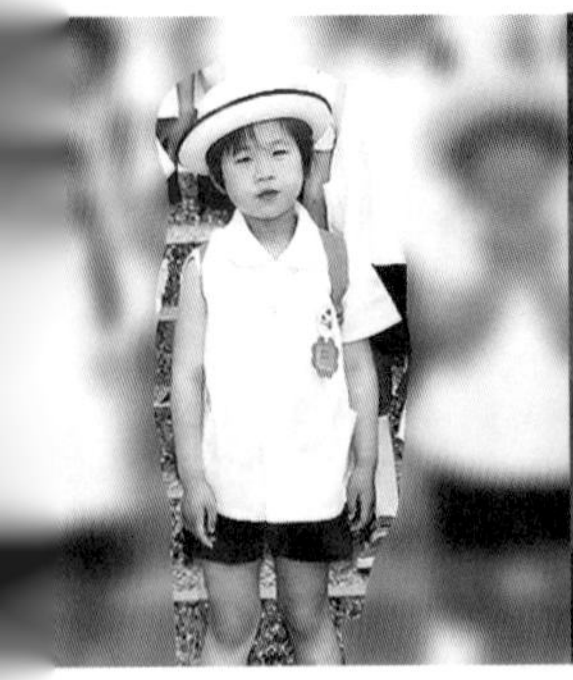

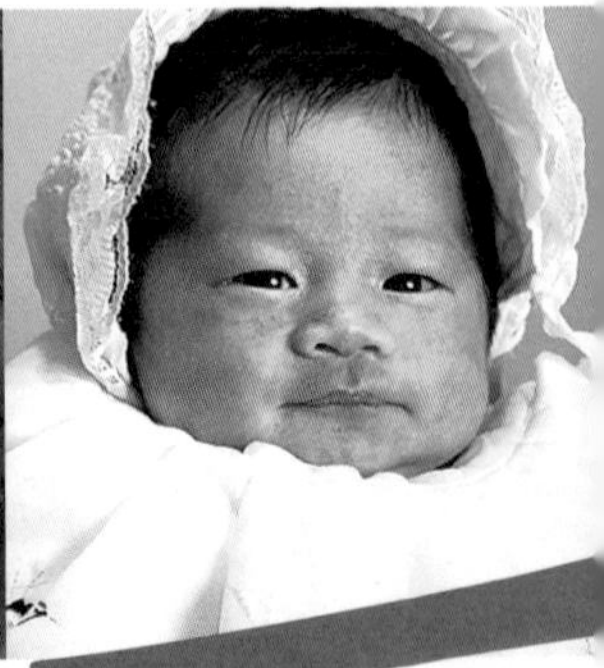

歴史

生誕

愛知県にて生まれる。

自宅近くの病院で3110gで元気に誕生しました。

とにかくよく寝る赤ちゃん。夜泣きもほとんどせず、ずっと寝ていました。そのおかげか、子供の頃は周りの子よりも体が大きかったです。

お母さんからコメント

0歳

頭蓋骨にひびが入り入院

僕の頭が柔らかいと思った母が病院に連れて行ったら、ひびが入っていたようで即入院!?

3歳

保育園入園

毎朝、親に送り迎えしてもらって登園。親と離れたくなくて先生にひっぺがされてたって（笑）。

生まれてから、25年間いろんなことがありました（全然記憶はないけど）。
家族にいろいろ聞いたり、記憶をたどったりしてなんとか思い出した
僕のヒストリー、こんなことがあって今の僕がいます。

5歳

七五三のお祝い
父のおさがりの着物で記念撮影。おばあちゃん子でした。

幼稚園に転園
実家が隣の市に引っ越したので、僕も転園しました。記憶はないけど（笑）。

6歳

弟と妹が誕生
リアルなきょうだいはこの二人。動画ではいっぱい出てきますけど（笑）。

お母さんからコメント
すごくうれしかったようで、弟と妹が泣くとすぐに駆け付けたりおむつを替えたり、溺愛でした。

小学校に入学
人見知りはしたけど、友達はいたらしい。

7歳

将来の夢はシェフ
この頃から家で料理をするようになって、将来はシェフになりたいと思っていました。

お子様ランチは好きじゃなく大人の食べ物を好むグルメな子供だった（笑）。

9歳

バスケットボールを始める
1～3年生の頃はサッカーをやっていたけど、どうやら向いていなかったようで（笑）、バスケットボールに転向。

10歳

初めてのディズニーシーに感動！

家族全員がディズニー好き。ディズニーランドは1歳ぐらいから行っていたらしいけど、ディズニーシーには初めて行きました。

入ってすぐの運河が広がる景色に驚いたことを覚えています。外国みたいだった（笑）。

ハーフ成人式で注目の的!?

将来の夢を劇で発表するとき、「サッカー選手」とかは何人もいたんだけど、シェフは僕一人しかいなくて目立ってたらしい。

12歳

中学校に入学

大好きなバスケットボールを続けたくてバスケ部に入りました。

学校が休みの日も部活があって、バスケ漬けの毎日。最初の1年間は部活の練習をめちゃくちゃ頑張ってました。

13歳

学習塾に通う

友達が通っていたから僕も自分から進んで通い始めました。入るのにテストがある厳しい塾。余裕でクリアしましたけど（笑）。

14歳

YouTubeにハマる

この頃から、家ではずっとYouTubeを見ていました。ヒカキンさんも初期から好き。

15歳

高校入学

家から近い、を理由に選んだ高校。高校でもバスケ部に入部。

16歳

AKB48グループに夢中

特にNMB48が好きでコンサートも行きました。ちなみに小学生の頃は嵐が好きでした（笑）。

17歳

部活でじん帯損傷のけが！松葉杖をついて修学旅行へ

「めちゃめちゃ修学旅行に行きたいやつ」みたいでイヤだな（笑）。

18歳

大学入学

最初はぼんやり過ごしたけど、2年生からは英語の勉強に集中！

21歳

初めての動画投稿

恥ずかしさはなかったです。まだ登録者数が少なかったときでも大学では「YouTube見たよ」って声かけられましたね。

24歳

福岡で初の一人暮らしを経て上京

福岡の街も好きだったけど、動画を頑張るなら東京かな…と。東京サイコーです（笑）。

歴史

YouTube
カノックスター戦いの歴史

2018年～2021年

2018年夏、僕、カノックスターはYouTubeを始めました。始めた当初はみんなに受け入れられるような柔らかい感じの動画を上げていたので、コメントも好意的なものが多かった気がします。キャラは今と全然違いますね。

これまでに投稿した動画は約600。ここでは、そのほぼ全てを紹介していきます。この3年、毎日がものすごい速さで過ぎていきました。こうして並べてみると感慨深いです。いや、そうでもないかな（笑）。

初めてのモッパン

僕が初めて「モッパン」と言える動画を投稿したのは2018年秋のことでした。しかも海外旅行中。今見ると、初々しさと編集の拙さで恥ずかしいですが、このときの僕はまだ大学生。YouTubeで生きていくことすらまだ考えていませんでした。

まさか、モッパン系YouTuberになるとは……。

＼初モッパンはこれです／

こうして、カノックスターの
モッパンの戦いがスタートした。

モッパンを始めた理由

最初は海外旅行系のYouTuberになろうと思っていましたが、海外に行く回数にも限界があります。僕ができる範囲で注目を集められるテーマはないかと考えて、韓国ですでに人気になっていたモッパンならどうかと。当時、日本でモッパン動画を上げる人はまだそんなに多くなかったと思います。これならいけるんじゃないかって思ったんですよね。

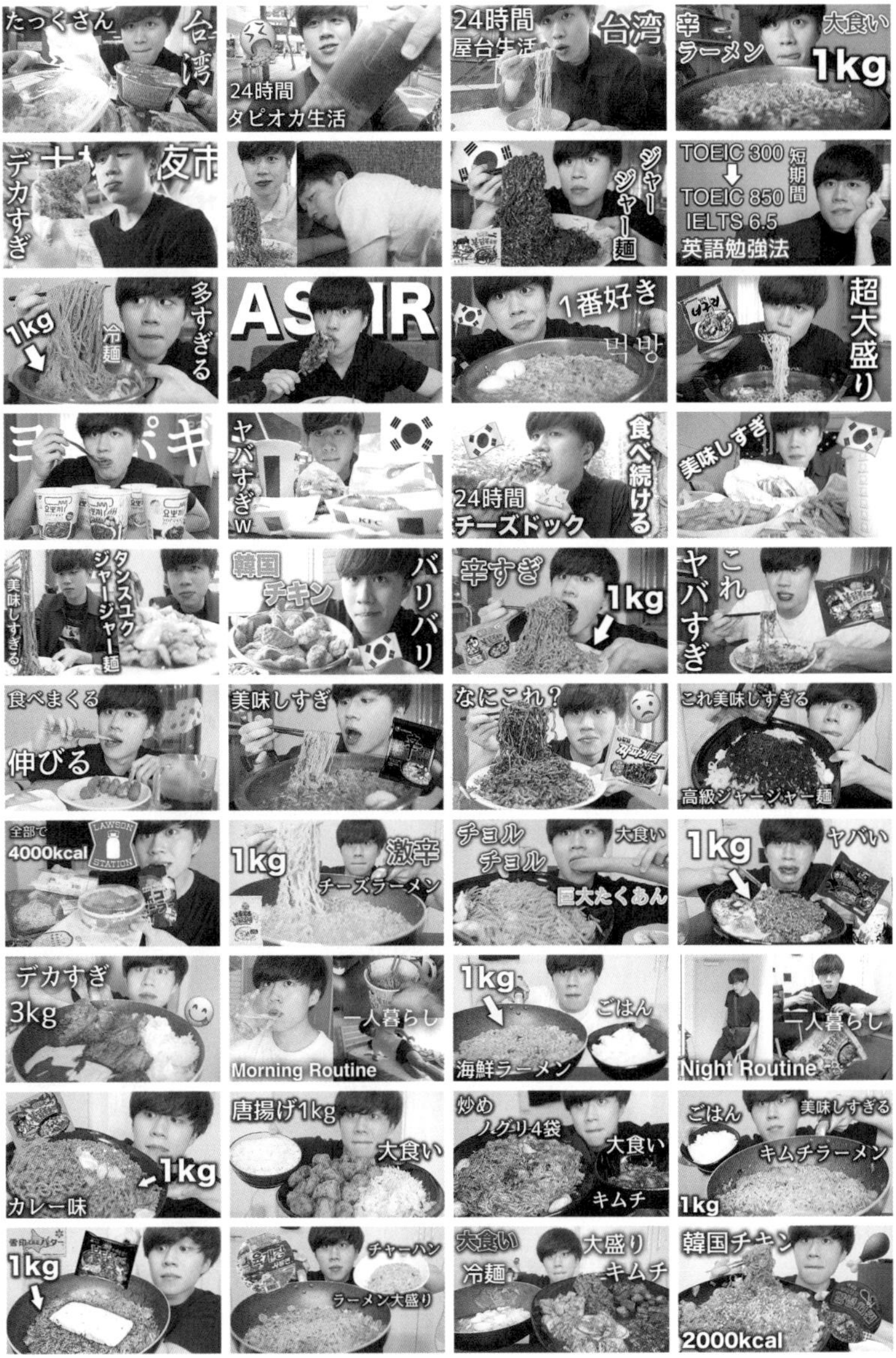

YouTube カノックスター戦いの歴史

辛い麺①

今でこそ、僕の定番になっている「辛い麺」。その出会いは韓国でした。当時はまだ日本で見かけることは少なくて知らなかったんです。旅行先で見つけて、買ってみて食べたら辛すぎた！　初めて食べたときの衝撃は、もうかすかにしか覚えていませんが、とにかく口がびっくりしたことだけは記憶に残っています。こんな長い付き合いになるなんてね。

YouTube カノックスター戦いの歴史

辛い麺②

正直、辛い麺、苦手です（笑）。ちょっと辛い食べ物なら嫌いじゃないんですけど、動画で食べている麺は異常に辛いです。プライベートでは絶対に食べません。でも、皆さん、僕が嫌がってる様子が好きなんですかね。再生回数、多いんですよ。皆さんが楽しんでくれるなら……と思って、頑張って食べていました。毎回必ずお腹を壊しながら（笑）。

YouTube カノックスター戦いの歴史

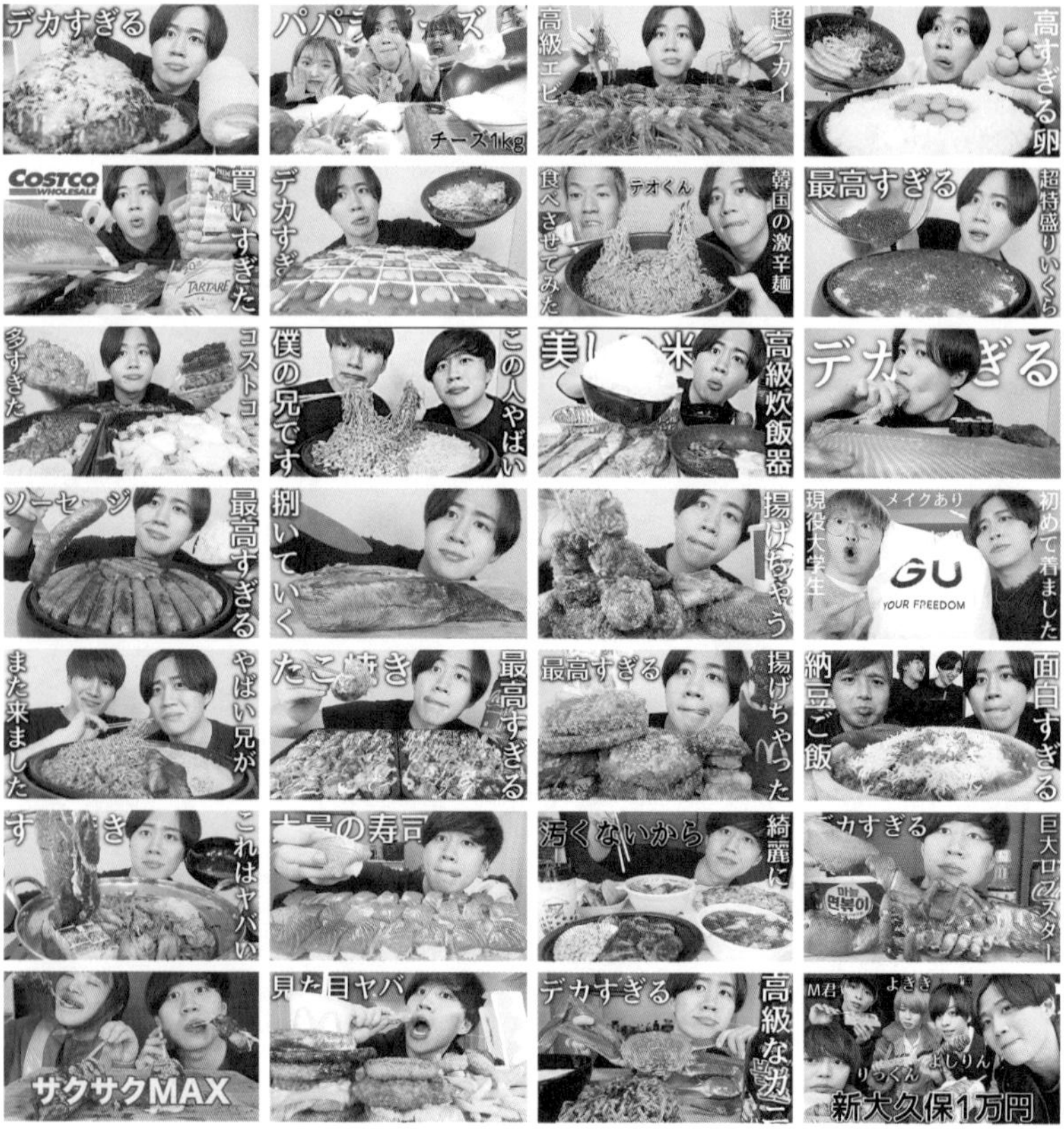

撮影機材のこだわり

海外のYouTubeもよく見るんですが、映像がすごくきれいなんです。僕もきれいな映像を撮りたいから、カメラにはこだわっています。初めから照明もちゃんと使って。あとは、カメラが好きなのでネットで調べているうちに、使いたいカメラがどんどん出てくる。YouTuberの中でも、機材には詳しい方だと思います。最近のカメラは7台目です。

YouTube カノックスター戦いの歴史

動画で作る料理

一番大事にしているのは見た目の美しさとインパクト。巨大料理は、「こういうのを巨大化してみたら面白いかなー」って、感覚で作り始めるけど、意外とうまくできちゃう。センスあります（笑）。個人的な最高傑作はモルティーザーズケーキと地球グミ。味は映像ではわからないから気にしてないので、おいしくないときもあるんですけど（笑）。

YouTube カノックスター戦いの歴史

撮影中の動物たち

あずきちゃんはケージにいるから特に問題ないけど、アンディたちは撮影中は別の部屋にいてもらうようにしています。食べ物を扱うことが多いので、間違って食べたりとかしないように。けっこう静かにしていますよ。あまり吠えない犬種ってこともありますけど、お利巧だと思います。撮影が終わった後に呼ぶと、甘えてきてめちゃめちゃかわいい！

YouTube カノックスター戦いの歴史

コラボのかのルール

コラボは自分からお願いすることもあれば、声をかけてもらうこともありますが、いつも意識しているのは、誰が相手でもちょっと失礼な態度をとること（笑）。ほぼ初対面で撮り始めるんですけど、怒る人はいなかったから、空気が悪くなったことは特にないですね。いじり役になるかいじられ役になるかは、その場の会話の流れで自然と決まります。

YouTube カノックスター戦いの歴史

低迷期の奮闘

２０２０年、動画の再生数が落ち込んだ時期がありました。この頃は精神的にきつかった。何をしても楽しくないし、常に動画のことばかり考えちゃう。何がダメなんだろう……って昔の動画を見返したり、方向性について考えたり、結構悩みました。動画のネタも甘かったかなと思って、今は「これなら世の中に出せる！」って思うものだけを出しています。

YouTube カノックスター戦いの歴史

キャラの変化

よく「キャラ変わったね」と言われます。自分的には変わっていくのは普通だし、今の方が反応がいいからこれでいいのかなって。昔は台本を作って、噛んだらやり直し、とか、変なことを言ったらカット、とかやっていました。でも、あるとき、そういうのはやめようと。最近は自然体の自分を出せていると思うし、自分としてもやりやすくなった気がします。

これからも頑張りますので
よろしくね。

全部の動画のサムネ見て、コメントしてみた。印象深いものもあるけど全然覚えてない動画も、意外とありました。(左→右)

p.117 最初の動画／2つ目の動画／うどん好き／恥ずかしいやつ／恥ずかしいやつ2／おいしい中華料理／怖かった／初めての隠し撮り／簡単だった／実は泊まってない／偽善者／お腹壊した／初めての質問コーナー／タイのコンビニ／釣りサムネ／内緒♡／おいしかった／プチギレられてない／初めての韓国(たぶん)／楽しい／恥ずかしかった／これも泊まってない／脂っこい／大変だった

p.118 また行きたい／ヤバくない／意外とイケる／おじいちゃんかわいい／韓国で一番おいしかった／日本とそんなに変わらない／コンビニ楽しい／キツすぎた／2回目の質問コーナー／初めてのモッパン／2回目／サムネが下手くそ／おいしい／めっちゃ恥ずかしかった（自撮りが）／メールもらったから行った／中々恥ずかしい／周りにだれもいなかった／買いすぎてる／そんなに安くない／初のラーメン／普通のコンビニ／ギリ食べれる／嫌い／歯、染みる／地元のセブン／地元のマック／辛すぎる／サムネが前のと表情一緒

p.119 初めての台湾／むちゃむちゃキツイ／すごいラク／キツすぎる／これも恥ずかしい／なんでこのサムネにしたかわかんない／ギリ食えない／真面目な動画／おいしそう／そんなに好きじゃない／おいしかった／ラーメン食いすぎ／正直不味すぎた／日本よりイイ／あんまり好きじゃない／これ、めっちゃおいしかった／一番食べたかったやつ／一人で食べるもんじゃない／これなら食べれる／味が変／残り物／味が思い出せない／引っ越す前／福岡に引っ越し／初めての一人暮らし／新居に慣れてない頃／家の前に売ってた／新居で辛い麺／こういう系の食べたい／初めてのモーニングルーティーン／大盛貧乏ごはん／初めてのナイトルーティーン／インスタント麺食いすぎ／胃もたれした／炒めちゃった／変わり映えしない／流行りにのっかった／質素／提供／まずい…

p.120 ラーメンチャーハンセット／たっぷりには見えない／人生初めてのカップ焼きそば／マズ過ぎた／おいしいけどくさい／大量すぎ／この辛さなら大丈夫／白い／この頃の人気シリーズ／なにこれ？／アレ(いつもの辛い麺)より辛くない／舌出しが気持ち悪い／また舌出してる／初めての冷たいラーメン／このビール飲めない／首ひっこめてるだけ／このとき登録者5万人くらい／エビは好き／動画用にキレイに盛ってる／特徴がない／そんなにデカくない／初めてコラボ／好きな料理／おいしそう／なにその顔／キムチは好き／定食は不正解(定食ではない)／勢いづいてきた頃

p.121 セミみたい／たしかに。／もうこの形で売ってない／表情が嫌い／10万人いけると思った、ありがとう／いいじゃん／水飲め／またやってる／この頃で一番、初速よかった／ちっちゃい方がいい／恥ずかしい／楽しそう／朝から絶対食ってない／また舌出してる／合わなそう／まあ、まだおいしそう／暑かった／味はいい／やっとラーメンやめた／よく思いついたな／デカすぎ／〇スよりマック／ティラミスの方が好き／わざとらしすぎ／おかえり、麺／ちょうどいい量／初めてのぷろたん／食えない／まあまあ／緊張してて覚えてない／おいしそう、普通に／盛り付け上手／一番見返したくない動画／口が痛い／キレイなハンバーガー／顔が嫌だ／緊張しすぎ／ありすぎて見た目が……／最寄りのすき家バレた／賞味期限切れ

p.122 めっちゃおいしそう／過去一食えてない／一番好き／まあまあおいしそう／作らず楽してる／同棲開始／統一しすぎ／すくえてない／天神で買った／初めてのコーラ（inサムネ）／くどすぎ／好感度狙いすぎ／モンゴリアンデスワーム／痛すぎる／これも見返したくない／たまに食べるとおいしいよね／固すぎ／そんなに辛くない、チーズがあるから／今の生活／ほんとに見返せない／結構好き／上京を決意／ちょっと気持ち悪い／緊張しすぎ／映えてない／何がしたいの？／なかなかキレイ／何その顔

p.123 しゃべれなすぎ／人見知りしすぎ／またやってる／こんな食ってない／楽しい／おいしそう／微妙な組み合わせ／買いすぎ／韓国で流行ってた／ネタ切れ／コストコのピザ／服装派手すぎ（自分の）／髪型変わった／顔がヤバイ／髪がヤバイ／これはすごい／ネタ切れ／虫は嫌い／同じことやってなかった？／ハゲに見える／その髪型やめたほうがいい／頼みすぎ／画面が茶色い／引っ越すからルームツアー／結構好き／新居／なんともいえない顔／サムネ詐欺／新居こすりすぎ／待ってないです／新居初めてのコラボ／生肉を触るのはよくない／デカいセミ？／カッコつけすぎ／あうわけない／大好き／握ってる／なにこれ／最高すぎるって言いすぎ／ありえない

p.124 今見たらまだデカくない／初めてのパパラビーズ／ありすぎて気持ち悪い／サムネが前と一緒／太ってきてる／なんとも言えない味／コラボのとき、コレ食えばいいと思ってる／イクラはきつすぎ／全部消費期限切れてる／お兄ちゃん登場／無駄な出費／サムネが下手くそ／チンコ／サムネが下手！／ここらへんサムネの調子悪い／初めてGU着てみた／2回目が早い／買った方がおいしい／意外とおいしい／二人で食べるもんじゃない／髪型がヤバイ／寿司作るの下手くそ／気にしてない／嫌いな人いるよね、ごめん／出すぎ／ごはんバーガー／デカくないじゃん／いろいろありすぎ(笑)

p.125 休んだ方がいい／おごらされた／僕にしては上手／ドンキで買った／失敗／楽しいな／すげえ、本物だ／和食ではない／お祭りみたい、まあたしかに／高い／下痢になった／よく出来ました！／単体で初／結構おいしい／サムネ詐欺／微妙／茶色にしてる、髪／田中さんじゃま／固そう／カップルチャンネル／白トビしてる／白トビしてる／また食ってる／お腹いっぱい／高すぎた／伸びると思った／太りすぎ／一番おいしくない／案件／においが強すぎる／久しぶり／まずそう／失敗……／困ったら唐揚げ／唐揚げ二連続／これも結構高い／大ヒット／人としてどうかしてる／過去一ヤバイ／ハンバーグこれから作る

p.126 ここらへんの見た目好きじゃない／グロい／集めるの大変だった／全部お荷物／これはおいしい／使ってない／苦すぎた／肉／韓国で流行ってる食べ物／伸びると思ったらスベった／久しぶりの質問コーナー／溶けすぎ／人としてどうかしてる／一番高い食材、5万くらいだった／集めるの大変／苦労したけど、ほとんどもう使ってない／知覚過敏にはキツイ／歯に染みる甘さ／チーズは伸びるけど伸びない／初ロープキャンディ／イチゴの季節／俺と言ったらコレ／照明を自慢したいだけの動画／並べ方上手／ピヨピヨ／地球グミと違って伸びない／めっちゃきれいに作れた／まずすぎる

p.127 ネタ切れ／モスのチキンおいしい／また辛い麺／エロい／食べ方がわかんない／新しいカメラにしてみた／やっぱ戻した／これのせいでオレ〇が売ってない／胃が痛くなって二時間動けなかった／やばすぎ、顔／辛くしすぎ／好きな食べ物／真ん中のやつ噛み切れない／できない、できるわけない／デカすぎてなにかわからない／ハイ〇ュウみたいなやつ／髪長め／チョコミントは好きな食べ物／サムネ詐欺／サクサクじゃなくなってる／自分で頼んだのに／かわいらしい／人気シリーズ／まあまあおいしい／アレンジ料理／動画外では食べてるから久しぶりじゃないと思う／意外と伸びなかった、体形維持方法／またやってるな～～～～／狙いすぎ／並べ方がキレイ／久しぶりの外／びっくりした～／この写真の顔が嫌い／声がめっちゃ響いてる動画／ハッピー／豪邸に引っ越し／初めての黒背景／食べ物が盛れる、黒背景／汚い／食べにくい

p.128 ありすぎてもよくない／右上狙いすぎ／サムネ完璧／ちょっと怖い／ネタ切れ／初めてのダンス／おいしすぎた／なにそのサムネ／サムネのインパクトすごい／時代遅れ／初めての炎上／チーズはまりすぎ／これもチーズ／案件／おっぱい動画／menu最高、マジで／サムネ盛りすぎじゃない／おいしそうでしょ／全然伸びなかった／久しぶりにお兄ちゃん／困ったら牛タン／すっぱすぎる／切った方がおいしい／熱すぎる／またチーズかけてる／最高レベルでおいしい／さっきもやってた／画面曇りすぎ

p.129 シャイニングみたい、見たことないけど／普通においしそう／皿に乗せたほうがいい／焼きおにぎりは好き／ソーセージは広告がつかない／そんな見たことない／迷走してる？／自分守りすぎてごめんなさい／おいしかった！これは！／顔に塗ってそう／作るの時間かかった／結膜炎／はじめてのドッキリ／破産、はするわけない／結膜炎で病む／落ち込んでそう／顔が怖い／ネタ切れダンス／写真集／すごい人たちになりましたね／やっと治ってきた目が／完全回復！／髪型が不潔／モノマネ動画／大失敗／くわえすぎ／おいしい／コンビニ最高／安定／ちゃんと多い／怒られた／エビは好き／最初は成功してた／生肉をごはんにのせるのはよくない／当日撮ってそのまま出した／運動日和／おいしすぎる／怖い／案件／菌まわってそう

p.130 初めてのチョコフォンデュ／変化／ハプニング／迷走／下手くそ／久しぶりのグミ／久しぶりじんじん／まあまあおいしそう／ハプニングはまってた／新グループ／1万円はすぐ／先生優しすぎ／赤い／色絶対加工してる／壊れてきた／飛び跳ねてる／今のところラストお兄ちゃん（のつもり）／エロッ／いらないもの買いすぎ／もうちょっとサムネよくできた／生肉はやめた方がよい／たぶん下手／妹じゃない／誰かわかんない／白トビしすぎ／久しぶりのナイトルーティーン／そろそろ、ネタ切れ？／めっちゃおいしかった

p.131 賞味期限切れてる（良い子はマネしないでね）／さっきも似たようなやつ見たな／痩せすぎて心配／千手観音／知覚過敏すぎてキツイ／ほんとにネタがなさそう／もっとできるでしょ／2回目のチーズハプニング／キツすぎ／真面目に踊ってみた／いい色／顔がヤバすぎる／案件……／初めてのLOOKBOOK／肌見せすぎ／デカすぎる／ここから下ネタが増えていった／意外と人気だったLOOKBOOK／逆張り／ミル貝、なじみ深い／チン〇ン出たかも／マイナス10万円／初めての歌ってみた／同じことの繰り返し／イメチェン／寝起き過ぎて逆に変／事務所借りてみた／意外と優しかった／弟初出し／キレイでおいしそう／意外と似合ってる／サムネ詐欺／茶色すぎて何かわからない／質問コーナーになってない／たぶん量が逆／女性とLOOKBOOK／名前が一緒／角煮も得意料理／ただの買い物／久しぶりの地球グミ

p.132 一回失敗した／謎／おいしい／ちょっと高すぎる／知覚過敏にはちょうどいい／全部答えてない／たくさん人がいる／茶髪にしてみた／結局静かじゃない／最近やったばっかりなのに／自分の食べれるシールを出しました／朝からこれはヤバイ／おもしろすぎる人／久しぶりのサーモン寿司／救世主／上手すぎた／引かれた／サムネいい感じ／ほんとに嫌い／おっぱい／ごめんなさい／すごい兄／一番おいしい／部屋が汚くなる／歯が痛い／結構キレイ／地球グミの方がおいしい／サムネに二時間くらいかかった

p.133 バターの無駄使い／大仏みたい／結構おいしい／そんなにうまくいかなかった／熱すぎる／ここらへん歯が痛すぎる／生意気な人／砂みたい／実家のわんちゃん／もっときれいにできたはず／興奮した／うまくいった／ほぼ死んでた／面白い、普通に／評価が下がった／頭がおかしい／ハンバーグだけの方が好き／引っ越すんじゃなかった／初日から最悪／サムネ見たらわかるけど家が傾いてる／加工下手すぎ／めっちゃおもしろい／過去一キレイに作れた／さすがに汚い／普段の食生活／サムネ詐欺／過去最速で100万／回復まで意外と早い／味覚がない／味覚がギリない／助かるわ／偽物もおいしい／下ネタ言いすぎ／体が追い付かない／ほんとは全部緑／カラフルすぎる／びっくり！！！／どっちもヤバイ／生クリームしかなかった／ご報告

p.134 赤い金玉／甘すぎて歯が痛い／顔がシュッとした／なんか似てる／シュークリームとの違いがわからない／アンディ初登場／本物だ／なかなか下品／いろいろ起こりすぎ／弟、動画慣れしてきた／意外とおいしい／きわどい／食べれない／真ん中かわいそう／たたかれて気持ちいい／このためにベスト買った／また人の彼女と……／コンビ結成／カラフル過ぎて食べ物に見えない／ヤバすぎる／弟、狙いすぎ／作るのに12時間かかった

KANOCKSTAR

4章

かのを取り囲む人たちの話

いくら一人で過ごすのが好きだからって、僕だって完全に孤独なわけではありません。

家族もいますし、友達もいます。
大切な新しい〝家族〟もできました。
そのときがきたら恋愛だってするだろうし、
いつかは結婚もすると思います。

それに、僕が僕でいられるのは、いつも支えてくれるたくさんの視聴者の方のおかげだと思っています。

そんな僕の人間関係の今と昔。
僕に関わってくれた人たちみんなに感謝を込めて。

家族もみんな「好きなことをやればいい」

一人でいる方が好きだと思われがちな僕ですが、生まれたときから一人なわけはなく、ちゃんと家族はいるわけで。

今は離れて暮らしていますけど、両親と弟と妹がいます。

両親は共働きで仕事から帰ってくる時間も遅いし、僕は僕で中学・高校時代は部活や塾、大学時代はジムにバイトと忙しかったので、両親とはあまり会話をする時間はありませんでした。そんな僕のことを両親がどう思っていたのかはわからないですけど、父親は無口でほぼ僕に干渉しないし、母親はたまに怒るけど、そんなに小言を言うこともなく、**二人とも僕に対して「好きなことをやればいい」という、わりと放任主義な両親でした。**

だから、大学進学、YouTuberになるときなど、人生の岐路ではいつも両親に相談することなく勝手に決めて「〇〇やるから」と報告だけしてきました。

そんな僕の報告に対して「ダメ」と言われたことがありません。

不思議と特に説得せずともだいたい「わかった」と言ってくれました。ゲームが欲しいときだけはものすごく説得しましたけど（笑）。

高校までは年に1回か2回、家族旅行に行きました。

行き先はディズニーランドかディズニーシーかUSJの3択（ディズニー好きは完全に親から受け継がれていますね）。

でも、**現地に着いたら僕はほぼ一人行動をしていました。**

母親と妹が一緒で、父親、僕、弟がそれぞれ一人で、別々にやりたいことをやる。集合時間を決めて、夜ご飯は一緒に食べましたが。

こうして振り返ると、僕だけでなく**家族全員が無理せず好きなことをして生きてきたんだな**と。僕にとってはこれが普通の家族のカタチなので、今の自分の性格が形成されたのもわかる気がします。

やりたいことを何でもやらせてくれた両親には感謝しかありません。

ゲームをたくさん買ってくれたこともありがとう（笑）。

あずきちゃんは存在感がないけど大切な家族

子供の頃から実家にはワンちゃんがいて、世話好きで心配性の僕は、家族のなかでも率先して面倒をみていました。散歩も行くし、ご飯もあげるし、掃除もしてあげる。

自分がやらないと、他の人はやらないんじゃないかと思うんですよね。

どうしても自分ができないときは家族に頼むんですけど、後から「散歩行った？」「ご飯あげた？」ってめちゃくちゃ確認していました（笑）。

そんな僕が東京で一人暮らしを始めて2年ほど経った頃、ふと**「かわいい子がいたら一緒に暮らしたいな」**と思いました。

もちろんワンちゃんは飼いなれているんですが、そのときの僕は他の動物も見てみようかなと思い、小動物や爬虫類を調べたりペットショップを見て回ったりしていました。

最終的な候補がハリネズミとヒョウモントカゲモドキの2種類です。

そこからまた迷いに迷いましたね。でも、実際に見てやっぱりかわいい！　と思ったハリネズミに決めました。

ヒョウモントカゲモドキ、最終選考で落選。ごめん。

彼女を「あずき」と名付けて家に迎えたのですが……そもそもハリネズミって人に懐かないし、ストレスを感じやすい性格だから、ほとんど触れ合うことはありません。飼う際にはケージの中に暗闇を作ってあげる必要がありますが、あずきちゃんはほとんどそこから出てきません。出てきて、顔を見られるかもしれないのは、ご飯のときだけです。

あずきちゃんは他のハリネズミに比べて温厚なのか、あまり針を立てることはありません。触ろうと思えば触れるんだけど、あずきちゃんにとってストレスになることはしたくないから、できるだけ触らないようにしています。動画でも紹介しましたが、手に乗せたのは本当にあのときだけです。

それでも家族として大切な存在なんですよね。そんなに存在感はないけど(笑)、一緒に暮らすと決めたら最後まで面倒をみなきゃなとはもちろん考えています。

対動物となると、「楽」を好む部分が出てこないのが自分でも不思議です。動物第一がいい。それぐらい動物が好きなのかな。

養う家族がまた増えて大変だけど幸せすぎる

YouTubeを見てくれている方は知っていると思いますが、この夏、イタリアン・グレイハウンドのアンディくんを家族に迎えました。

実家からチョコちゃん（昔から僕がすごく面倒をみていたワンちゃん）を連れて来るずっと前から、ワンちゃんを飼いたいなと思ってはいたんです。

だから数年前から、ワンちゃんのサイトは定期的に見てはいたんですね。

そんなある日、ブリーダーさんのサイトで、「イタリアン・グレイハウンドの赤ちゃんが生まれました！」という写真を見かけて即連絡！

動画を送ってもらったらすごくかわいくて、もう絶対うちの子になってほしい！　って。**ワンちゃんを飼うなら、ちゃんと責任を持たなきゃいけないから**（当たり前のことだし、他の動物でも同じ！）、だいぶ悩みましたけど、決意して迎えることにしたわけです。

今まで見てきたイタリアン・グレイハウンドって大暴れする子ばかりで、抱っこしたら腕が傷だらけになるくらいだったんですけど、アンディは初めて抱っこしたとき、意外とおとなしかったんですよね。
それが、家に来たら元気いっぱい。犬なのに猫かぶってた⁇（笑）ま、元気な方が好きだからいいんです。ただ、元気すぎて部屋中走り回ったり飛び跳ねたりするから、**細くて長い脚が折れそうで心配……。**心配性に拍車がかかってます（笑）。

甘えん坊で、普段から僕にくっついてくるアンディと同じタイミングで来たチョコちゃん。2匹はお姉ちゃんのあずきとは触れ合えないけど、〝4人〟で仲良く暮らしていきたい。**チョコとアンディとあずきを育てるために、これからももっと頑張っていかないと、**と改めて心に誓ったのでした。それにしても、急に大家族になっちゃったな（笑）。

海外ではちょっとだけ心が開くんだけど……

日本で暮らしているより、海外に行ったときはわりと気楽に人とコミュニケーションを取れている気がします。

僕は飲食店で注文をすることが苦手です。

理由は自分でもわからないけど、苦手です。それに動物好きですが、ワンちゃんを散歩させている飼い主と話をするのが苦手なので、かわいいとは思うけど絶対に話しかけにいきません。

でも、海外では値切り交渉も自然とできますし、ゲストハウスで他の宿泊客と軽い世間話だってできます。

それはきっと、日本語だと考えすぎるから。

他の言語だと話すことに必死になるので、言葉のニュアンスや言い回しまで考えることができませんよね。そこまで考えられる言語能力もないし。だから、日本語では言えないようなことも軽く言えちゃうような気がします。

とはいえ、海外に行ったからといって、根本的な性格が変わるはずはないので、オーイエイ！　ウィーアーフレンズ！　みたいになるわけはないんですけど(笑)。

それに、海外だってグーグルマップがあれば全く問題なく目的地にたどり着けるので、道を尋ねるとか、人とコミュニケーションを取る必要は一切ないんですよね。**たとえ道を間違って変な場所に着いてしまったとしても、それはそれで楽しい**ですし、そもそも人に道を聞いたとしても、日本語で「ここ曲がって、次の角を曲がって」って言われても忘れちゃうから、英語だったらなおさらわかりません。

海外ではちょっとだけ心が開くんだけど……

海外旅行といえば、韓国と台湾では現地人だと思われて、よく声をかけられましたね。東南アジアでは店員さんからめちゃくちゃモテました。どうやら韓国系の顔が人気があるようで、僕は韓国人だと思われていたみたいです（笑）。それはちょっとだけ、いやだいぶうれしかったです。

大人数は苦手だけど友達はやっぱり欲しい

自己紹介や1章でも書いた通り、中学・高校での経験を経て、大学では友達が一人だけで、その友達と遊ぶ以外は、多くの時間をバイトや勉強に使っていました。

大学時代の唯一の友達は高校の部活からの付き合いで、映画やゲームの趣味が一緒でした。好きなものが同じで、お互い気を遣わずに付き合えた数少ない人です。今は環境が変わったのもあって、連絡をとっていませんが……。

たぶん僕は、一人でいるのが好きというよりも、大人数でつるむのが苦手なんですよね。人がたくさんいると、誰と何の話をしていいかわかりません。

周りにはサークルとかで大勢集まってキャッキャしている人たちがたくさんいて、もちろんその人たちを否定するわけではありませんが、自分はその輪には入れませんでした。

無理して入ることもできなくはないけど、客観視したときに無理する自分が気持ち悪く見えてやりたくなかったんです。

ＹｏｕＴｕｂｅを始めたことで知り合って、今、プライベートでも会う人たちはいます。その人たちを友達と呼んでいいかはわからないですけど（向こうは友達じゃないと思っているかもしれないですから……）、みんな一緒にいて楽しいし、自分が無理をして付き合っている人はいません。

ＹｏｕＴｕｂｅを始めた最初の頃はいろんな人からご飯に誘われることがあったんですけど、僕がこの立場になったから連絡してきたんじゃないかと思うような状況なら行きませんでした。それを繰り返していたので、今ではそういう誘いもありません。

微妙な関係の人とご飯に行く時間がもったいないと思うんですよ。他にやりたいこと、やらなければいけないことが山ほどありますから。

友達って何なんですかね。

僕だっていつも一人でいたいわけではなくて、普通に友達と遊びたい。だから、やっぱり友達は必要だと思います。

きっと何かを相談するようなことはしないけど、一緒に楽しい時間を過ごせる友達がいた方が、人生が楽しくなるんじゃないですかね。

彼女とは対等な関係でいたい

恋愛について書けと言われても、**実は、一度も正式に告白をしたことがありません。**

恥ずかしいし、勇気もありませんでした。

女子から告白されたことは何度かありますが、どうしていいかわからず、返事すらできませんでした。知らない人から突然告白されても、怖いなー……って思ってしまって……（なんかすみません）。そんな感じで、あまり恋愛に興味がない学生時代を過ごしてきました。

が、一応健全な男子なので、かわいいなと思う人はそれなりにいます。しかもストライクゾーンが広い広い。大人っぽくてきれいな人も、小動物系のかわいらしい人もみんな好きです（笑）。

ただ、そこから恋愛に発展するかどうかは別問題で。

僕はよく「壁を感じる」と言われます。

自分で壁を作ってる感覚はないんですが、もしかしたら、それが恋愛を遠ざけている一因かもしれません。お付き合いをしたことは一応あります。ただ、「好きです！　付き合ってください！」とか言えないのでなんとなく始まって、なんとなく終わる感じでした。ちゃんと大事にしてあげられていたのかは、ちょっと不安です。

では、もしも今後誰かと付き合うとしたら……。改めて言葉にするのは少々恥ずかしいんですが、それぞれが打ち込める仕事や趣味があって、干渉や束縛のない関係がいいと思います。

自分の家族もそうでしたから、そういう関係が自然で、居心地がいいんですよね。相手に依存されるのはイヤだし、僕が相手に依存することもない、対等な関係。**自分のライフスタイルを崩すような恋愛をしたら、最終的にきつくなるのは**

自分じゃないですか。

そうは言っても、そもそも僕は常に自分のことを客観視している部分があるので、恋愛にのめり込むことすらないのですが。

そんなわがままな僕に無理なく合わせてくれる女性がいるといいんですけどね。

結婚願望はまだないけど、そういう女性と出会えたら、いつかは結婚もするんじゃないかなーとふんわり思っています。

LINEは毎日欲しいとか無理だし、一緒に食事をするのも月2〜3回くらいでいいと思うし、普段の食事は体のことを考えて自分で用意したいし、一緒に住むなら一人になれる自分の部屋が絶対欲しいし……細かい理想を言ったらきりがないけど、**彼女ができたら僕なりのやり方で大事にします。**

何をすればいいかはまだわかんないけど、大事にします。きっと。

「お友達」がいてこそ成り立つカノックスター

いつもYouTubeを見て応援してくれている「お友達」のみんながいるから今の僕がいる。常々感謝しています。

かつての僕は視聴者の皆さんのことを「ファン」と呼び、もしかしたらちょっとだけ調子に乗っていた時期もあるかもしれません。でも、ある日ふと「自分は本当にそんな立場にいるんだろうか」と考えるようになりました。

僕と皆さんはどちらが上でも下でもない。

「ファン」と呼ぶのは、上から目線なんじゃないかと思ったとき、それなら「お友達」と呼ぶのがいいんじゃないかなって。

動画に寄せられるコメントはひとつひとつ読んでいます。

ハートもちゃんと自分で押していますからね。

「面白い」って言ってくれるのは素直にうれしいです。特に、面白いと思った場面の時間をコメントしてくれると、「やるじゃん」って思います（笑）。

こういうご時世で、なかなか「お友達」のみんなに会えないのは悲しいです。イベントの場などで実際にみんなに会えると、本当に「お友達」のみんなが存在するんだ！　と思って、励みになりますから。

ありがたいことにこの春からファンクラブも作っていただきました。そこでZoom食事会なるものをさせていただいたのですが、僕が一人でしゃべっているのは気まずかったんですよね。やっぱり会話をしたい。実際に会って、みんなとご飯を食べながら会話をする。直接「ありがとう」と感謝を伝える。今、僕が「お友達」のみんなと一番やりたいことです。そのときはぜひ話しかけてください。「お友達」のみんなはわりと恥ずかしがり屋で、僕から話しかけないと話さない方が多いから、話しかけてくれると覚えるかもしれません。

僕、顔は結構覚えるタイプですし。

本当にいつもありがとう。また会える日を楽しみにしています。

人間関係で悩む時間があったら僕の動画を見てよ

視聴者の皆さんから人間関係についてのDMをもらうことがあります。

「職場の人間関係に悩んでいる」とか「学校でうまく周りに溶け込めない」とか。

職場の話については、自分が同じ環境にいたことがないからうまいことは言えないし、学校で孤立を怖がっているんだったら、自分はその気持ちがわからないところがあるので、何を言っていいのか難しいところではあります。

僕は人間関係で困ったことがほとんどありません。

もちろん、苦手な人やコミュニケーションを取ることが難しい人と出会ったことはあります。でも、僕は「この人無理だな」と思ったら、それ以上話しかけてこないように、簡単な相づちだけを返して、会話をすぐ終わらせるようにしてきました。それに、僕の場合はイヤな気持ちも露骨に顔に出ちゃうので、おそらく相手にもそれが伝わっていたと思います。

でも、職場では上司や同僚がいて、きっと、全く他者と関わらないことはできないですよね。自分ももしもそういう環境にいたとしたら……理不尽なことを言われたら頭にはくるけど、「はい、わかりました」と素直に聞いてしまうような気がします。**立ち向かうことの方が面倒ですからね。**

だから、僕から言えることは、悩んでいる時間があったら、僕の動画を見て元気を出してほしい、それだけです。僕の動画に逃げてきて下さい。人間関係でイヤなことがあったら、動画を見て、寝て、イヤなことを忘れて、また次の日から元気に過ごしてもらえたらいいなって。

「お友達」のみんなにはいつも笑っていてもらいたい。心からそう思っています。

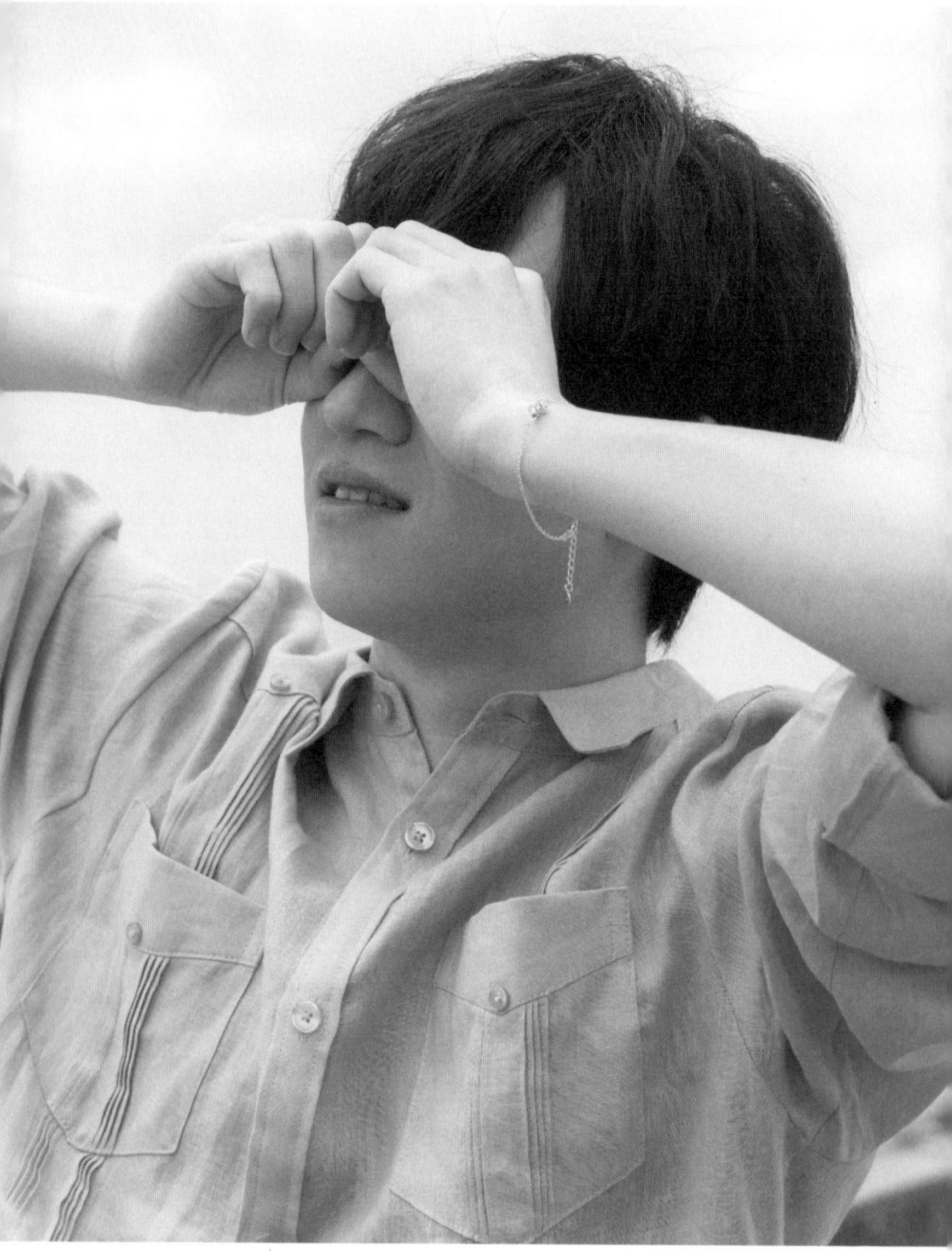

とりあえず、動画見よ?

5章

かのによる、かののためのかののルール

KANOCKSTAR

最後に紹介するのは、僕がいつも自分らしくいるために決めているマイルール――。

普段、僕が日常生活でどんなことを意識して生活しているのか、絶対に譲れないことは何なのか。この本を書くうえで改めて考えてみたんですが、自分の中では特に変わったことはしていないと思っています。どれも僕にとっては当たり前のこと。

YouTubeでの僕を見て、「変わってる人」だとか、「おしゃれな生活してそう」とか思った方は、あんまり期待しないでください。

〝楽〟を選んで生きてきた普通の20代男子が、心と体の健康と美容にちょっとだけ気を使って過ごしていますっていうマイルール＝〝かのルール〟です。

朝は必ず冷水シャワー

いきなり普通じゃないじゃん！　って言わないでください。確かに周りの人に話すとだいたい変な顔されるんですけど、結構オススメなんですよ、冷水シャワー。単純に目を覚ますためっていうのはあるんですけど、もうひとつの理由は精神が鍛えられるかなって。朝から冷水浴びるのってイヤじゃないですか？　そういうイヤなことを毎日乗り越えられたら、メンタルが強くなる気がするんですよね。僕、朝から何してるんだろ（笑）。

これは、ＹｏｕＴｕｂｅでやっている人を見たことがきっかけで、１年ぐらい前に始めたんですけど、**正直、いまだに浴びたくないです。冷たいです、冷水……。**「あぁ……」って深いため息つきながら毎日浴びてます……。でもね、一気に目は覚めるし、頭もかなりスッキリして、今日もやるぜ！　って気になるんですよ。って一年中浴びてる感かもし出してますけど、冬は寒すぎて無理……。

一人暮らしだし、かぜひいたらしんどいからね。

歯磨きは一日5回

朝起きたらトイレに行ってまずは歯磨きをします。ってこれ、普通のことじゃないですか？　こんなことを〝マイルール〟みたいに書いていいのかな？　とりあえず一日の歯磨きのタイミングを追ってみますか。

例えば出かける用事が入っていたとしたら、出かける前にも磨きます。人と会う前のエチケットですよね。口臭、ダメゼッタイ。

あとは動画を撮影する前。動画では口を大きく開けることが多いから、舌が汚かったりしたら気持ち悪くないですか？　僕はそんな動画は見たくないから、撮影前は絶対に歯を磨きます。

他には、作業をしている最中とか、気分転換で磨くこともありますね。なかなか集中できないときに歯磨きをするといい感じにやる気が出ます。不思議なことに。

最後は夜寝る前（←当たり前ですけど）。こうしてみると……なんだかんだで一日5回くらいは歯を磨いてますね。**5回も磨けば〝マイルール〟に認定してもいいでしょう。**

毎日かかさずトイレを掃除

こう見えてきれい好きです（どう見えて?・）。基本的に自分の生活する場所が散らかっていたり汚かったりするのはイヤなので、こまめに片付けや掃除をするタイプではあるんですけど、中でも、**水回りが汚れているのはどうしても許せないんですよね。**それに、トイレをきれいにしておくと運気が上がるって言うじゃないですか。だから、トイレは毎日必ず掃除します。汚れる前に掃除します。一日1回以上、絶対に掃除します！

うちのトイレは、マットも敷いていないし、物もほぼ置いていません。めちゃくちゃシンプル。本来トイレってあまりきれいじゃない場所だから、ムダに物を置きたくないんですよ。だけど、そんなトイレで座って考え込んだり、スマホでYouTubeを見たり、長居しちゃうことが結構あります。トイレとか、押し入れとか、部屋の隅とか、ベッドと壁の隙間とか（は？）、**狭い空間が好きなんですよね。**なんだか落ち着きません？　だからこそいつもきれいにしていたいっていうのもあるんですけどね。

ちなみに、水回りに対しては潔癖症入ってるから、自宅以外のトイレは限界にならないと行かないかも(笑)。がまんは良くないですけど、ちょっと他の人が座った便座は……ごめんなさい。え？　もしかしたら最近悩んでる残尿問題ってそのせいですか⁇

一日2リットル以上の水を飲む

毎日、最低2リットルは水を飲みます。冷たい水も好きだけど、体のことを考えて、**できるだけ常温の水を飲むようにしています。**あとは温泉水。体にいいって聞いてから、ペットボトルの温泉水を常備していますけど、少し値が張るのでグイグイは飲めません。基本はウォーターサーバーで、温泉水は適度に飲みます(内緒にしていましたけど、意外と庶民派です)。

2リットルもの水を飲むようになったことにもきっかけがありまして、大学生の頃、肌荒れが気になっていたんですよね。そのときに水をたくさん飲むと肌がきれいになるという情報を知って、実行に移しました。今ではもう習慣になっていて毎日飲んでますけど、肌の調子はめちゃくちゃいいです。水をたくさん飲んでトイレに何度も行くことで、体の毒素が出る感じもするから、肌だけじゃなく体調も良くなっている気がするんですよね。

コーヒーでリフレッシュ

……なんか僕、トイレの話ばかりしてますか??

水を2リットル飲むのとは別に、コーヒーも一日3〜4杯飲みます。家ではネスプレッソのヴィエナ・リニツィオ・ルンゴばかり飲んでます。酸っぱいコーヒーは苦手で、マイルドな味が好みですね。外ではアイスコーヒーが多いです。飲み方はほぼブラック。飲み物で余分なカロリーを取るのはしゃくにさわるので(笑)。

まずは朝に一杯を必ず。朝はコーヒーを飲まないと体の調子が上がらなくて、一日が始まる気がしません。

昼のコーヒーは、気分転換の時間。**どんなに忙しくても、コーヒーを飲んでリセットする時間を作らないと編集がはかどらないです。**特に僕はずっと家にこもって編集をしているから、息抜きとか気持ちを切り替える行動をはさんでいかないと、モチベーションが上がらないんですよね。コーヒーを入れて飲むか、歯を磨くか、ベランダに出て深呼吸するか——僕の気分転換リストはざっとこんな感じです。

とまあ、ここまでコーヒー大好き人間のように書きましたけど、最初はあまりおいしくなくて、全然好きじゃなかったです(笑)。でも、飲んでいるうちにちょっとずつ好きになってきているのかな。

食事は少なめをきっちり3食

太りたくないですし健康でもいたいので、毎日の食事は食べる量に気を付けています。

自分の中に「これ以上食べたら罪悪感がある」というラインがあるので、1回の食事ではそこに到達しない程度で抑えています。だいたい腹八分目くらいかな。

少なめかもしれないけど、それを毎日3食ちゃんと食べるようにしています。私生活でモッパンすることはありません（笑）。あれは動画の僕限定です。

最近は家で料理をすることはほとんどなくて、刺身を買って、米と一緒に食べることが多いです。肉は焼かないといけないでしょ。だから、魚が好きっていうよりかは、調理しなくていいから刺身（笑）。それに、僕は取っても〝いい脂〟と〝悪い脂〟を決めているんですけど、魚の脂は〝いい脂〟に分類しているから、刺身は楽で合理的な食事（ちなみに、サラダ油とかはあまり取らないようにしています）。

とはいえ、炭水化物を抜くとか減らすとかはしませんし、夜11時頃に夜ご飯を食べることもあります。**自分がやれる範囲で、やりたいことをやればいい**と思っています。

服は黒！はもうやめた

前はほんとに黒ばっかりでしたね。「ＹｏｕＴｕｂｅ　カノックスター戦いの歴史」のページを見てもわかりますね（笑）。服に興味はあってたくさん買うけど、全身黒だとコーデの色合わせを考えなくて済むから楽だし、大学生くらいからちょっと前までずっと黒い服ばかり買ってました。自分には黒が似合っているとも思ってたし。

でも、ある日突然、「つまんなくない？」ってスッてなって。**黒だと何着ても一緒だし、動画を撮っても画《え》が代わり映えしない。**いつも黒い。

そんなときに、ＹｏｕＴｕｂｅでそわちゃんとＬＯＯＫＢＯＯＫ企画をやって、色味の服も似合うんじゃない？　って思うようになったんですよね。他にもコラボするＹｏｕＴｕｂｅｒさんたちがカラフルな服の人が多いから、ひそかに影響を受けていたのかもしれないです。それ以来、色味の服も買うようになりました。

最近特に気に入っているのは、ドナルドの緑のトレーナー。ハイブランド店で爆買いした動画見てくれた人はわかりますかね。引くほど高かったけど、ディズニー好きだし、緑色も好きだし、形も気に入って、ひとめぼれでした。派手だからなかなか着る機会ないかなーってコレクション感覚で買ったけど、普段から結構着ています。

カラフルな服を買うと、毎日の服選びが楽しいですね。**「楽」もいいけど、「楽しい」が一番大事。**

人付き合いで無理はしない

前にも書いた通り、昔は無理して輪の中に入っている人間でした。でも、人に合わせることに疲れたことと、周りに合わせている自分がダサく思えたことを機に、無理をして他人に合わせることをやめました。一人でいる方がだんぜん楽。

ぼっちが恥ずかしいとか全然思いません。

今は、仕事やプライベートで出会う人とも、無理に合わせようとはしていません。

人間だからどうしても合う合わないってあることだし、合わないなと思ったら会話を続けないです。そして、それが顔にも出ちゃうから(笑)、たぶん相手にもこっちの気持ちが伝わって、それ以上踏み込まれることもないです。

そもそも僕の場合は、もう集団で過ごす機会がないので、人付き合いについて悩んだり考えたりすることもないんですけどね。

目標を達成するための努力は惜しまない

まず、僕はあまり多くのことに関心があるタイプじゃないから、何か目標を決めたらそれに向かって進むのは苦じゃないです（代わりに他のことがおろそかになりがちなんですけど）。

大学時代、将来は海外に移住したいと思ってからは、英語の勉強を毎日かかさずやるようになりました。学校やバイトがある日は帰ってきたら勉強、休みの日も朝から晩までずっと勉強しました。それも、**習慣化することが大事だと思ったから、最初は10分くらいから始めるんです。**たった10分だとしても、毎日続けると、やらないことに対して罪悪感が生まれるようになる。その「罪悪感」をうまく利用して、「習慣化」できていたんだと思います。そのうち理解できるようになってくるから、勉強が楽しくなってくる。そこで時間を少しずつ増やしていって、気付いたら一日7時間くらい勉強していました。

貯金も同じです。お金のことを気にしないでアメリカに旅行をしたいと思ってからは、バイトを週5でやって、外食は一切せず、大学にもお弁当を持っていく。どうしても欲しくて、高い服を買うこともあったけど、何回か着たらすぐフリマアプリで売る。そうやってやり繰りしながら、一年で100万円貯めました。生活費がかからない実家暮らしの学生の特権ではありますね。ただ、バイトは勉強とは違って楽しくなかったですけど、お金がもらえると思ったら普通に頑張れました。

基本的に僕自身、**目標を達成するための行為をたとえ辛くても「努力」とは思っていないところがあります。**自分がなりたい姿、かなえたい目標に対して、明確に必要なことがあるから、それをやるだけ。頑張っているようで、結局、無理はしてないんです。無理しても続かないでしょ。

迷ったら「直感」で決める

ＹｏｕＴｕｂｅｒを続けるか、就職するか。僕の人生にはいくつかの岐路がありました。そのときの選択基準として、楽しいかどうかとか、かける時間に対する収入の価値はあるかとかはもちろん頭には浮かびますけど、結局のところやりたいことはやるし、やりたくないことはやりません。やりたくないことをやる意味がわかりません。

たぶん、初めから迷ってすらいないのかもしれないです。その場の直感でやりたい方に進む。それでいいでしょ。自分の人生だから。

スケジュールはできるだけ埋めたい

ありがたいことにいろいろと仕事のお話をいただくんですが、特におかしなものでなければ、基本的に受けることにしています。そんなんだから、動画の編集の時間をとるのを忘れていて、後から「これもやらなきゃ！　あれもやらなきゃ！」って大変になることはありますけど（笑）。

でも、英語の勉強しかり、バイトしかり、ずっと「何かをやる」ことを習慣化させてきたから、「何もしない」とソワソワしちゃうんですよね。

普段から健康に気を遣っているのも、体調を崩したら何もできなくなることがつらいから。さすがに動けないほどしんどいときは寝ているけど、逆にただ寝ていて何もしていない方が、僕にとってはきついんです。

そういう生活を送っているから、休みという休みはほとんどないです。動画の撮影や編集は特にそうだけど、自分でやろうと思ったら、日々、やることは何かしらある。それを考えてみると、学生時代の「勉強」＝「仕事」とするなら、大学生の頃から何の「仕事」の予定もない日はなかったかもしれません。

正直なところ、ＹｏｕＴｕｂｅを「仕事」と呼んでいいのか、自分の中で疑問はあるんですけど。自分がやりたいことをやっているだけですしね。

動画は妥協したくない

動画の話は恥ずかしいからあまりしたくないんですけど、ちょっとだけ話します。

やっぱり一番大事なのは企画を考えることです。考えると言っても僕の場合は食べ物を決めるだけではあるんですけど（笑）、それをどうアレンジできるかが勝負だと思っていて。例えば「巨大〇〇を作って食べる」は、作れそうだなと思ったらとにかくやってみます。想像しながらやっていますけど、だいたい成功します。実際に自分でも成功したなと思ったら視聴者の方々の反応がいいし、微妙だなと思ったら反応が悪い。それらの経験は、企画を考えるうえでちゃんと糧になっていますね。

過去に、明日上げる動画がなかったとき、マックとかケンタッキーとか手頃なものを食べればいいやって思ったこともあったんですけど、これ、やってみたら目に見えて再生数が落ちていくんですよね。反省。今はそれだったら上げない方がいいと思っています。**妥協せずにやる。それが今のモットーです。**

それと、企画の段階でタイトルとサムネの撮り方をしっかり決めるようにしています。撮ってから決めるのではなく、決めてから撮る。それが動画の主軸となるので、撮影もスムーズに進みます。

編集のテーマは「シンプル」。僕の動画は効果音も使っている音楽もそれぞれ

3つくらいしかありません。普通だったら場面が切り替わったら盛り上げる音楽を使ったりすると思うんですけど、僕の場合はずっとテンションが一律。あまりいろいろ加えたくないんですよね。もともと自分が好きで見ていた海外系の動画が、そういうシンプルなものが多かったからっていうのが一番の理由ですけど、あとは技術的にできないから（笑）。凝ったことを覚えようと思ってもうまくいかないんですよね。難しいことはできません。

最初の頃は自分の映りを結構気にしていて、面白いシーンが撮れたとしても、自分が気持ち悪い顔をしていたらカットしていたんですけど、最近は気持ち悪いと思っても面白ければいいやという気持ちに変わりました。カッコつけるのが逆にカッコ悪いって気付いたというか。女性ウケを狙ってカッコいいシーンを入れるとか、そっちの方が気持ち悪いでしょ。

……ちょっとだけと言いつつ、結構話しちゃいましたわ。こんな感じで、ちゃんと考えて撮って編集して上げていますので、よければこれからも見てもらえるとうれしいです。まだ見たことのない方も1回くらい見てくれたら僕が喜びます。

下着はブーメランパンツ

下着はブーメランパンツ。

表向きは太ももの締め付けがないから楽っていう理由でブーメランパンツをはいていますけど、やっぱり男なので、でかく見せたいっていうのはありますね。

僕、最後に何言っちゃってるの？

100の質問

来ましたね、100の質問。先日、募集させていただいたやつです。
本にはとてものせられない質問もいただいてしまいました（笑）。
できる限り頑張って答えてみましたヨ。真面目にね。
質問をしてくれた皆さん、ありがとうございました！

Q 女の子の髪型、何が好きですか？
×
A **似合ってる髪ならなんでも好き。**

Q 好きな異性の髪色は？
×
A **黒、金、茶色、緑。**

Q 甘党と辛党どっちですか？
×
A **辛党。**

Q いつも何時間寝てますか？
×
A **6～8時間。**

Q 運動不足なのですがいい運動はありますか？？
×
A **ジムに行きましょう。**

Q 何歳くらいで結婚したい？
×
A **30歳以上で。**

Q バスケのポジションはどこでしたか？
×
A **ベンチ。**

Q 何歳ですか？
×
A **24歳。**

Q 身長、体重は？
×
A **172㎝、65kg。**

Q 今の髪の毛は気に入ってますか？
×
A **普通かな、派手な色にしたい。**

Q 次は何色に髪の毛染めますか？
×
A **できれば紫。**

Q 女性の髪はロングとショートどちらが好きですか？
×
A **両方好き、ショートいい。**

Q どこからが浮気だと思いますか？

A セ○ックス。は？

Q 恋愛対象の年齢は？？？

A 法律で許される年齢から。

Q 今も英語の勉強してますか？まだ話せますか？

A してないので話せません。

Q 言えたらかっこいい英語教えてください！

A YES SIR

Q 女性のどんな仕草にきゅんとしますか？

A お金払ってくれるときですね。

Q 座右の銘は？

A マイペンライ（タイ語です。意味は調べてみて）。

Q どんな匂いが好きですか？

A 汗の匂い。

Q 体はどこから洗いますか？

A 頭皮から洗う。

Q YouTubeやってなかったらどんなお仕事してると思いますか？

A なんも思いつきません。

Q もし結婚して子供が出来たら、なんて名前付けますか？

A スター

Q 付き合いたい女性と結婚したい人って違いますか？

A 一緒なんじゃないですかね。

Q 初キスはいつですか？

A 6歳。

Q 片思いしたことありますか？

A あります。

Q 初彼女はいつできましたか？

A 中学2年生。

Q DMって結構見てますか？？

A じろじろ見てます。

Q いつも何考えてるんですか？

A なんもかんがえてないよ。

Q 今日が人生最後の日だったら、何を食べますか？

A カレー。

Q 今までで一番恥ずかしかったことは？

A 登校中に大きい方を漏らしたこと。

Q 今まで食べた中で一番まずかったものは？
×
A **卵焼き！**

Q 今までで一番おいしかったものはなんですか？
×
A **生肉！**

Q 今までで一番緊張したことは？
×
A **スカイピースさんとの初コラボのとき。**

Q 過去動画の中で、かのくん的一番お気に入りの動画は？
×
A **カメラ殴ってる動画。**

Q 今はいてるパンツの色は？
×
A **白。**

Q 寝るときはどんなポーズで寝ていますか？
×
A **仰向け。**

Q 得意な家事はなんですか？
×
A **皿洗い。**

Q 得意な料理は何ですか？
×
A **スープカレー（レシピ紹介してます）。**

Q 歯が白くて素敵なんですけど、どうしたら歯が白くなりますか？
×
A **歯医者行ってください。**

Q 学生時代、夏休み何やってましたか？
×
A **YouTube見て一日終わってた。**

Q 最後にしたのいつですか？
×
A **今朝。ナニかは言いませんが。**

Q 月の食費はどのくらいですか？
×
A **30万以上。**

Q 寿司屋で絶対頼むネタは？
×
A **貝類。**

Q 好きな食べ物はなんですか？
×
A **焼肉。**

Q 好きなお菓子は？
×
A **ポテトチップス。**

Q キムチ鍋って好きですか？
×
A **そんなに好きじゃないです。**

Q 大きいですか？
×
A **お店の方によく大きいと言われますので、デカいんじゃないですかね。**

Q どうしても食べられない嫌いな食べ物は？
×
A **弁当に入ってるタイプの卵焼き…。**

Q 学生時代のあだ名は？
×
A **ジャッキーチェン。**

Q 自分を食べ物に例えるとなんですか？
×
A **キムチ。**

Q これまでの人生で一番高かった買い物は？
×
A **カメラ。**

Q これから先もずーっとYouTubeしてくれますか？
×
A **約束はできません…。**

Q どうやったら口から出たものキャッチできますか？
×
A **気持ち次第。**

Q でかいゲップを出すコツはなんですか？
×
A **恥ずかしがってるだけでしょ。**

Q 100の質問やるんですか？
×
A **あ、はい。やってます。**

Q 何フェチですか？？
×
A **匂い、尻。**

Q ファンレター送ったら読んでくれますか？
×
A **YES SIR**

Q 最近いつ泣いた？どうして？
×
A **10年以上泣いてないです。**

Q パン派ですか？ご飯（白米）派ですか？
×
A **ごはん。**

Q 童ていですか？
×
A **はい。**

Q 好きなおにぎりの具はなんですか？
×
A **こんぶ。**

Q 小さい頃してた習い事は？
×
A **習字、バスケ、スイミング。**

Q こちょこちょ弱いですか？
×
A **はい。**

Q カレーライスの向き、ルーは右側？左側？
×
A **右でよく触ってるので左です。**

Q 目玉焼きに何かけますか！？
×
A **ベーコン。**

Q 服はMとLどっちが好きですか？
×
A **M。**

Q お母さんの手料理で一番好きなものは何ですか？
×
A **唐揚げ。**

Q コーラとはいつ頃から友達になったんですか？
×
A **まずいつから友達になったんですか？**

Q 親からYouTube見たときの感想言われたことありますか？
×
A **見てるくせに頑なに見てないと言うのでわかりません。**

Q 今までで一番やらかしたことはなんですか？
×
A **物に当たる癖があって壁に穴を開けたこと。**

Q 最近のあずきちゃん、教えてください。
×
A **ずっと寝てる。**

Q 今日何してました??
×
A **言えないことしてました。**

Q 今までどんなバイトをしてきましたか？
×
A **ココイチ、スーパーの掃除。**

Q 方言女子どうですか？
×
A **関西弁が好きです。**

Q 今後、ずっとその色の服しか着られないとしたら何色にしますか？
×
A **緑。**

Q 今一番したいこと教えてください！
×
A **肉食べたい。**

Q 暇なとき何してますか？
×
A **エゴサーチ。**

Q 無人島に行くなら何持っていきますか？
×
A **水。**

Q メンタル落ちたとき何をしますか？
×
A **精神科に行く。**

Q 運動は何が得意ですか？
×
A **バスケットボール。**

Q なぜ太らないんですか？
×
A **努力すればどうにでもなる。**

Q 50m走何秒でしたか？
×
A **7秒くらい。**

Q いっつも叫んでるけど、部屋は防音なんですか？
×
A **たぶん違います。**

Q 視力はどのくらいありますか？
×
A **0.1以下。**

Q いつグミまみれのカメラ見せてくれますか？
×
A **何よりも恥ずかしいのでイヤです。**

Q 今一緒に暮らしてる子以外で、飼ってみたい動物はいますか？
×
A **イグアナ。**

Q かのくんが食べれる辛さの限界知りたいです。
×
A **まず辛いもの自体苦手です。**

Q 大食いで一番大事なことなんですか？
×
A **きれいに食べること。**

Q いつも着てる服はかのくんのセンスですか？こだわりは？
×
A **はい、自分の体型にあったものを選ぶ。**

Q 正直どのTシャツが一番気に入ってますか？
×
A **いか。**

Q なんでそんなに変人なんですか？（褒めてる）
×
A **生まれてずっとこんな感じです。**

Q 最後に一言お願いします。
×
A **おっぱい。**

Q 壁と会話する方法教えてください！
×
A **その質問してる時点で無理ですね。**

Q モッパンしてみたいものはなんですか？
×
A **ソーセージ。**

Q なんでそんなにかっこいいんですか？
×
A **まっとうに生きていればこうなります。**

Q かのくんが死ぬ直前に絶対食べたいものは？
×
A **ハンバーガー。マックの。**

Q 今一番欲しいものは？
×
A **免許証。**

Q 寝れない夜はどうしてますか？
×
A **そんな日ありません。**

Q 今までで一番嬉しかったことは？
×
A **HIKAKINさんにフォローされたとき！**

Q グミの中で一番おいしかったやつは？
×
A **地球グミ。**

おわりに

今回、本を書かせていただきました。初めての経験です。書いてみて、もちろん反省もあります。正直、もうちょっと文章力を身につけたいと思いました。これは本を出すごとにレベルアップしていく僕を皆さんに見てもらえるということですね。乞うご期待です。

でも、僕的には、今、この「おわりに」を書いていて、何か人生でやらなきゃいけないことの1つを成し遂げたような気がしています。

この本を通して皆さんに僕の生き様というか、僕がなんで生きているのか、なんでこの世に存在しているのかを見せつけることができたと思います。見せつけられたというと何か卑猥な感じがするのですが、それは皆さんの想像力がそっちの方向に向いているからです。僕、ちなみに左向きです。いや、そういう話ではなくて、僕的には結構意識してこれまで動画で伝えてこなかった、僕の素の部分や過去のことを書いたつもりです。そんな僕の素や過去の話で僕のことを知ってもらうと同時に、皆さんの人生に役立つ部分が何か少しでもあったのであれば僕はとても嬉しいです。

というか、僕のことなんて知らなくていいので人生に役立つ部分を探す方を重要視してほしいですね。せっかく時間をかけてこの本を読んでくれたのですから、あなたのためになる何かを得てもらいたいです。得てないあなたはもう一度読んでください。僕をより知ることができるでしょう（は？）。

今回、「逃げる」というテーマで書いたつもりなのですが、あなたには今、逃げたい状況がありますか？　あるならばすぐに逃げてみてください。僕は動画の編集が大変すぎて逃げようと思います。でも、大変の先の楽しさも知っているので歯を磨いたら戻ってきますね。

皆さん、読んでくれて本当にありがとうございました。

２０２１年９月　　　　カノックスター

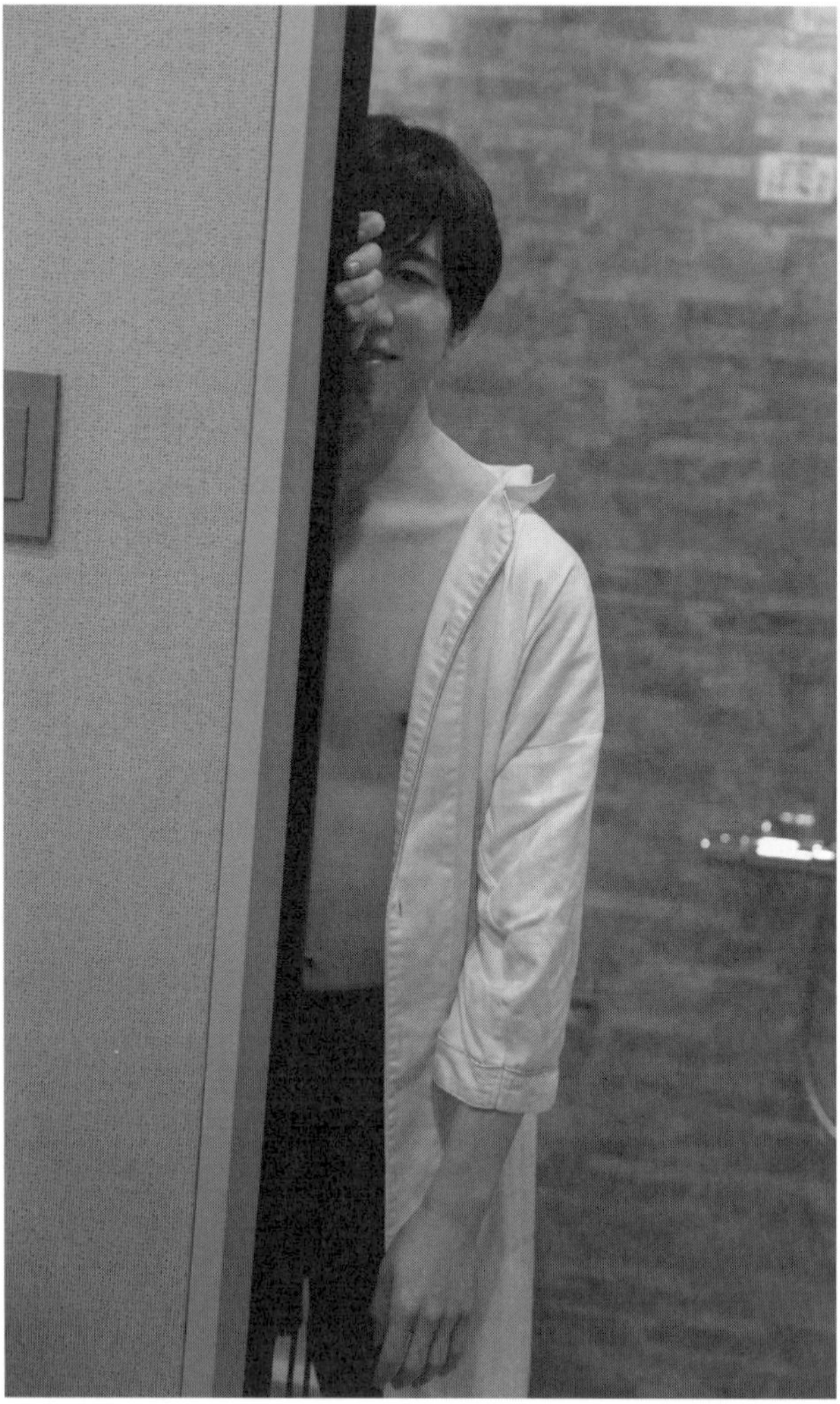

カノックスター（かのっくすたー）

モッパン系動画がYouTubeで人気の動画クリエイター。「アマクテー」「カラクテー」など独特のかの語も使って語る動画はクセになると評判で、YouTubeチャンネルの登録者は約120万人。YouTube以外にも活躍の場を広げており、今後も様々な場面で楽しませてくれることを期待されている。

YouTube：https://www.youtube.com/c/kanockstar
Twitter：@kanockstar
Instagram：@kanockstar

逃《に》げの才能《さいのう》

やりたいことだけやってみたけど、意外《いがい》と人生《じんせい》なんとかなってる。

2021年10月15日　初版発行

著者　カノックスター《かのっくすたー》

発行者　青柳 昌行

発行　株式会社KADOKAWA
〒102-8177　東京都千代田区富士見2-13-3
電話 0570-002-301（ナビダイヤル）

印刷所　凸版印刷株式会社

●お問い合わせ
https://www.kadokawa.co.jp/（「お問い合わせ」へお進みください）
※内容によっては、お答えできない場合があります。
※サポートは日本国内のみとさせていただきます。
※Japanese text only

定価はカバーに表示してあります。

ISBN 978-4-04-605378-7　C0095